U0268956

非线性数据挖掘

——基于表示的谱聚类分析方法与应用

张小乾　孙怀江　张　庆　吴　斌　著

国防工業出版社
·北京·

内 容 简 介

本书主要介绍非线性数据挖掘技术，以子空间聚类为主要的数据分析方法，结合稀疏表示、低秩表示、多核学习、协同学习等技术，针对现有模型中存在的一些问题，在适应非线性数据并抑制大尺度噪声的能力、算法的有效实现、模型推广以及应用等方面进行了探讨和研究。主要内容有四个方面：① 研究并解决了传统的核子空间聚类方法不能有效挖掘特征空间中数据低秩结构的问题；② 有效解决了现有的多视图聚类方法得到的往往是次优解的问题；③ 解决了多视图数据中各视图数据的独有特征信息不易挖掘的问题；④ 研究多视图数据中样本置信度的差异性问题。

本书内容系统性强、知识覆盖面广、观点独到，适合广大数据挖掘专业的技术人员、学者及在校学生阅读。

图书在版编目（CIP）数据

非线性数据挖掘：基于表示的谱聚类分析方法与应用/张小乾等著. —北京：国防工业出版社，2023. 5

ISBN 978-7-118-12861-1

Ⅰ. ①非…　Ⅱ. ①张…　Ⅲ. ①数据采掘　Ⅳ. ①TP311. 131

中国国家版本馆 CIP 数据核字（2023）第 059618 号

※

国防工业出版社出版发行

（北京市海淀区紫竹院南路 23 号　邮政编码 100048）

北京龙世杰印刷有限公司印刷

新华书店经售

*

开本 710×1000　1/16　**插页** 2　**印张** 8¼　**字数** 144 千字

2023 年 5 月第 1 版第 1 次印刷　**印数** 1—1500 册　**定价** 99. 00 元

（本书如有印装错误，我社负责调换）

国防书店：（010） 88540777　　书店传真：（010） 88540776

发行业务：（010） 88540717　　发行传真：（010） 88540762

前 言

聚类分析是数据挖掘领域中的关键技术之一，面对低维数据，传统的聚类算法能够取得理想的结果。随着数据获取技术的不断发展，数据的维度急剧增加，传统的聚类算法受到了严重的限制。因此，设计更为高效的、先进的聚类算法以满足高维数据挖掘需求，已成为目前研究的热点。一般认为，将高维数据嵌入低维的流形中，子空间聚类的目的是将源自不同子空间的高维数据划分到其所属的低维子空间，这是实现高维数据聚类的有效途径。

近年来，作为一种基于广义稀疏表示的谱聚类算法，稀疏子空间聚类由于其优越的聚类性能、易处理和计算的有效性高等特点被广泛关注，已成为子空间聚类的研究热点。稀疏子空间聚类的核心任务是通过构建表示模型来揭示高维数据的真实子空间结构，通过优化模型获得低维子空间下的系数表示矩阵，进而构造有助于精确聚类的亲和度矩阵。稀疏子空间聚类在图像处理、模式识别等领域取得了成功的应用，有较大的发展空间，但仍存在很多问题。

作者经过数年的系统研究，在基于表示的谱聚类方法框架的基础上，针对现有模型中存在的一些问题，在适应非线性数据并抑制大尺度噪声的能力、算法的有效实现、模型推广及应用等方面进行了探讨和研究。本书既可供具有扎实理论基础的数学专业的学生了解数学公式的工程意义，也可供具有良好工程背景的计算机及电子工程类专业的学生了解工程问题的数学描述。对于非线性数据挖掘理论与应用的研究人员，本书也具有参考价值。

本书在出版过程中得到了西南科技大学研究生院和信息工程学院、南京理工大学计算机科学与工程学院的大力支持。校稿过程中得到了西南科技大学先进控制与建模实验室硕士研究生的协助，其中何有东协助撰写第 1 章，蒲磊、王晶协助撰写第 2 章，陈宇峰、王潇协助撰写第 3 章，赵帅、宋兴海协助撰写第 4 章，李敬豪、谈振协助撰写第 5 章。在此对他们表示感谢。

本书的出版得到国家自然科学基金（62102331、62176125、61772272）、西南科技大学科研基金资助成果项目（22zx7110）的资助，在此表示衷心的谢意。

本书不仅涉及图像处理方面的内容，而且有许多数学模型，并涵盖了多个应用背景。由于作者知识水平有限，书中难免存在不妥之处，请广大读者和专家批评指正。

作　者
2022 年 5 月

目录

第1章 绪论

本章首先介绍本书的研究背景及研究意义，并对国内外子空间聚类算法的发展现状进行了探讨。然后简要介绍稀疏子空间聚类的相关理论和相关算法框架。最后从整体上简述本书内容结构。

1.1 研究背景与研究意义

近年来，互联网技术和计算机性能的飞速发展，使得人们获取的信息呈爆炸式增长，如 2018 年 YouTube 网站每分钟上传约 400h 视频。海量的数据给人们的生活带来了极大的便利，但是如何从这些海量的数据中高效地提取自己感兴趣的内容成为技术人员和科研专家关注的焦点，这促使以挖掘数据规律为目标的机器学习理论不断发展。

通常，根据学习过程中对标签的依赖程度，可以将机器学习的模式分为：监督学习[1]、半监督学习[2]、无监督学习[3] 等。其中，无监督学习所使用的样本数据不需要标记，可以节省很多人力和物力。在探索性的工作中，无监督的方法可以揭示观测数据的一些内部结构和规律，这就使得无监督学习得到广泛的应用。聚类分析作为一种无监督学习任务，其目标是将无标记数据划分成不同的类，并使类内样本高相似、类间样本低相似，进而获得样本中某种有价值的结构[4]。

聚类分析在一些探索性的机器学习情况中很有用，如图像识别与分类、运动分割、文档检索等。通过聚类分析，可以发现数据集各区域的密集度，找到全局分布模式，以及属性之间有价值的相互关系。传统聚类算法在低维数据挖掘任务中取得了优异的效果，但在进行高维数据的分析处理时通常会遇到严重瓶颈，无法满足高维数据的稀疏性以及避免“维数灾难”（Curse of Dimensionality）[5]的影响。这种影响主要表现在两个方面：① 如果样本的特征数大于样本数，这会直接导致典型的小样本问题和过拟合（Over-fitting）现象，这会限制分类器的泛化能力；② 数据维度的增加使得维度之间往往存在较多的相关性，并且提升了数据的信息量，但维度间的冗余度增长更为迅速，因为数据本身的信息增长速度远小于维度的增长速度。

充分利用高维数据的相关性，有助于提升高维数据处理的有效性。然而，现实数据的处理不仅仅面临维度高的问题，元素的缺失、损坏和被噪声污染等，这些都增加了高维数据处理的难度[6]。因此，面对日益剧增的数据维度，高维数据聚类算法设计已成为数据挖掘和模式识别等领域的研究热点。

如图 1.1 所示，针对同一对象从不同途径或不同层面获得的特征数据被称为多视图数据（Multi-view Data），其呈现出多态性、多源性、多描述性和高维异构性等特点。近年来，多视图学习已成为模式识别和机器学习等领域的重要研究内容。由于多视图数据的不同特征表示总是反映了相同目标的不同特性，因此对同一个目标的多视图数据分析十分有意义。

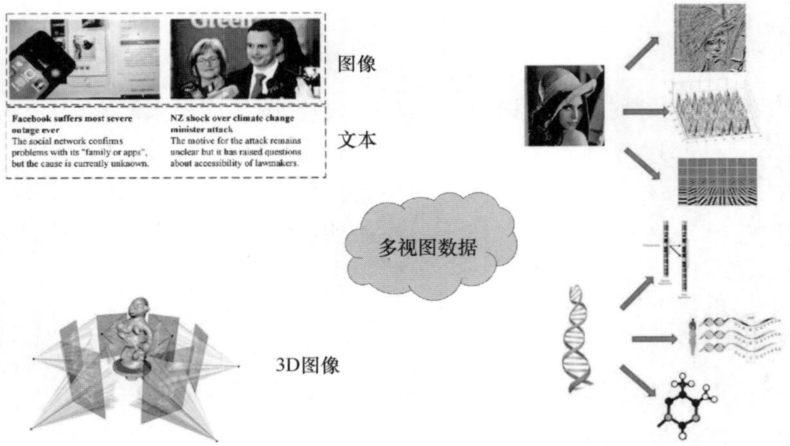

图 1.1　多视图数据实例

一般来说，数据中的不同类别总是属于不同的子空间，由于这些子空间的维度、类别都存在差异，所以在原始数据空间难以完成类别簇的挖掘。子空间聚类（Subspace Clustering，SC）可以从新的角度处理高维数据，是实现高维数据集聚类的有效途径。如图 1.2 所示，子空间聚类在图像处理、模式识别等领域的应用取得了成功[7]。子空间聚类算法将原始数据空间分割为不同的子空间，这使从子空间中寻找不同类别的数据存在的可能性。例如，不同光照条件下同一类人脸的多张图像分布在一个维度为 9 的低维子空间中[8]，视频中的多个运动物体的运动轨迹分属于不同的子空间[9]。

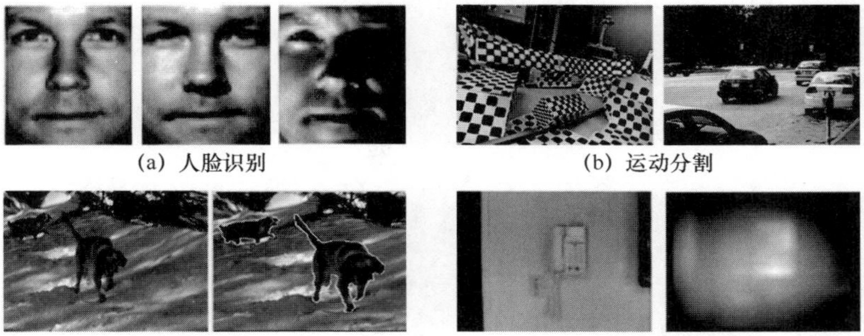
(a) 人脸识别　(b) 运动分割　(c) 图像分割　(d) 图像显著性检测

图 1.2　子空间聚类的应用

不同于原始空间数据聚类方法，子空间聚类分析可以完成数据的局部维度约减，进而避免由高维数据引起的维数灾难。此外，子空间聚类分析能够为机器视觉、生物信息学等多个领域提供技术支持，促进这些领域的不断发展。总之，子空间聚类问题的研究为处理高维数据提供了一个新的思路，为上述的学科交融提供了必要的技术手段[7]。

近年来，基于谱聚类的稀疏子空间聚类方法受到广泛关注。这里的“稀疏”是一种广义的概念，主要包含两个方面：① 向量的“稀疏”，即向量中非零系数的数量应尽可能小；② 矩阵维数的“稀疏”，也称为矩阵的“低秩”，即矩阵的非零奇异值尽可能少。稀疏子空间聚类一直是近年研究的热点，但仍然存在许多问题。本书在基于表示的谱聚类方法框架上，从数据非线性的处理、大尺度噪声的抑制、多视图数据的联合表示等角度展开研究，进一步提高聚类性能。

1.2　子空间聚类概述

现实数据的内在维数往往比环境空间的维数小得多，这促使我们用参数模型来表示一组数据。例如，子空间表示就是一种简单的参数模型。但随着数据复杂度的增大（如高维数据），往往需要多个低维子空间的联合表示，从而引出了子空间聚类（子空间分割）问题。如图 1.3 所示[10]，这个三维数据本质上是由两个一维数据（两条直线）和一个二维数据（平面）组成。整体上分析该数据是比较困难的，但借助其低维子空间（直线或平面）便能够发现数据本身所具有的性质。子空间聚类的任务是将来自不同子空间的高维数据划分到本质上所属的低维子空间。子空间聚类是高维数据聚类的一种新方法，这个问题在机器学习、计算机视觉、图像处理、系统辨识等中有很广泛的应用。

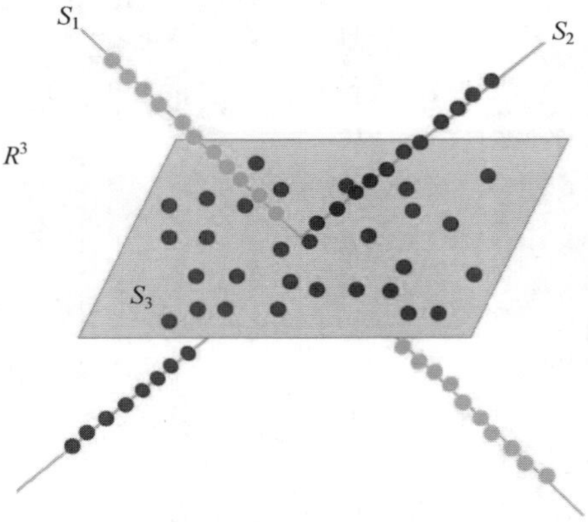

图 1.3　取自 3 个子空间并集的数据示例

定义 1.1　假设数据 $\boldsymbol{X}=[\boldsymbol{x}_1,\boldsymbol{x}_2,\cdots,\boldsymbol{x}_N]\in\mathbb{R}^{D\times N}$，来自一组维度为 d_i 的 k 个线性（或仿射）子空间 $\{\boldsymbol{S}_i\}_{i=1}^{k}$，其中 $d_i=\dim(\boldsymbol{S}_i)$，$0<d_i<D$（$i=1,2,\cdots,k$）。子空间可以描述为

$$\boldsymbol{S}_i=\{\boldsymbol{x}\in\mathbb{R}^D:\boldsymbol{x}=\boldsymbol{\mu}_i+\boldsymbol{U}_i\boldsymbol{y}\},i=1,2,\cdots,k \tag{1.1}$$

式中：$\boldsymbol{\mu}_i\in\mathbb{R}^D$ 为子空间 $\boldsymbol{S}_i$ 中的任意点，且对于线性子空间有 $\boldsymbol{\mu}_i=0$；$\boldsymbol{U}_i\in\mathbb{R}^{D\times d_i}$ 为 $\boldsymbol{S}_i$ 的一个基；$\boldsymbol{y}\in\mathbb{R}^{d_i}$ 为数据点 $\boldsymbol{x}$ 的一个低维表示。

那么，子空间聚类问题是指利用给定的数据集推导子空间的个数 k、维数 $\{d_i\}_{i=1}^{k}$、基 $\{\boldsymbol{U}_i\}_{i=1}^{k}$ 以及数据点的划分。

子空间聚类算法可以粗略地分为 5 类[10]，即基于代数的方法、基于迭代的方法、基于统计的方法、基于谱聚类的方法和基于深度学习的方法。

1. 基于代数的方法

这类方法最具有代表性的是矩阵分解和广义主成分分析（Generalized Principal Component Analysis，GPCA）[11]。矩阵分解算法是从数据矩阵 $\boldsymbol{X}$ 的低秩分解得到数据的分割，因此，它们是主成分分析（Principal Component Analysis，PCA）从一个独立的线性子空间到多个独立的线性子空间的自然扩展。当子空间相互独立时，这类方法被证明是有效的，否则，可能会失效。此外，该方法对噪声和异常值比较敏感。GPCA 是一种代数几何方法，用于聚类位于（不一定独立的）线性子空间中的数据，其主要思想是可以用一组 k 次多项式来拟合 k 个子空间的并集，这些多项式在某一点上的梯度给出了包含该点的子空间的法向量。这类方法可以应对子空间维数的差异性，但对噪声比较敏感，并且计算复杂度随着子空间的个数和维数的增加急剧增长。

2. 基于迭代的方法

此类方法需要预先给定初始分割，利用经典主成分分析（Principal Component Analysis，PCA）对每一组数据进行子空间拟合。通过构建子空间的 PCA 模型对数据点进行子空间分配。该算法保证在有限次迭代中收敛到局部最小值，得到子空间和分割的精确估计。其代表性算法是 K-Plane[12] 和 K-Subspace[13]。这类方法的缺陷在于其对初始分割的依赖性，且对奇异点和大尺度噪声很敏感。

3. 基于统计的方法

概率 PCA（Probabilistic PCA，PPCA）[14] 是用特定的概率目的函数描述来自同一个子空间的数据。利用混合高斯概率模型可以将 PPCA 扩展应用于对子空间并集进行建模，这就是混合 PPCA（Mixtures of Probabilistic PCA，MPPCA）[15]。然而，MPPCA 的一个重要缺点是需要事先知道子空间的数量和维数。随机抽样一致（Random Sample Consensus，RANSAC）[16] 也是一种典型的基于统计的方法，它能够平滑包含大量粗差的数据。因此，该方法非常适合于场景分析任务，如自动图像分析等。但是，RANSAC 的性能会随着子空间数量的增加而迅速下降。此外，典型的方法还有凝聚有损压缩（Agglomerative Lossy Compression，ALC）算法[17]，它通过寻找数据的分割，以最小化所需的编码长度来拟合具有给定失真的退化高斯混合点，ALC 算法的主要缺点是没有理论证据证明凝聚程序的最佳性。

4. 基于谱聚类的方法

谱聚类算法是聚类高维数据的一种非常流行的技术，其核心任务是计算图的相似度矩阵，这也是谱聚类算法的难点。传统的构图方法有构造最邻近算法（k-Nearest Neighbor，kNN）图等，该过程中用核函数（如高斯核函数）来估计样本间的相似度，连接 k 个最近的邻接点来构建图。对于高维数据，基于距离度量的相似度标准将不再适用。如图 1.3 所示，在线和面的交汇处，两点间的距离并不能真实反映它们之间的关系，也就是说，距离近不代表关系近。在基于谱聚类的空间聚类算法中，首先需要利用子空间划分的方法构建相似度矩阵，包括基于子空间近邻表示和基于子空间自表示模型等方法。

基于子空间近邻表示的代表算法有局部子空间相似度（Local Subspace

Affinity，LSA）[18]、局部谱最优超平面（Spectral Local Best-fit Flats，SLBF）方法[19]和局部线性流形聚类（Locally Linear Manifold Clustering，LLMC）[20]。LLMC 的优势在于能够适用于非线性子空间，但 LLMC 与 LSA 一样都缺乏对数据的全局约束，而且对近邻点数量的选择也比较敏感。谱曲率聚类（Spectral Curvature Clustering，SCC）[21]是一种典型的基于全局的谱聚类方法，它是利用仿射子空间中一组数据点的曲率来构建多路相似性矩阵。但是，该算法在应用时需要预知子空间的个数及维数，且所有子空间的维数是假设相等的，这就局限了该算法的应用。

稀疏子空间聚类方法是一类典型的基于子空间自表示模型，本书重点对其开展研究工作，其研究进展将在下一节中详细介绍。

5. 基于深度学习的方法

随着深度架构的兴起，对象类别识别成为人们关注的焦点。在这项任务中，深度学习方法取得了广泛的成功。作为其核心，深度网络是一种强有力的非线性映射方法，已被证明在数据降维和图像去噪方面有很好的效果。如图 1.4 所示，Ji 等[22]提出了一种新深度子空间聚类网络结构（Deep Subspace Clustering Networks，DSC-Net），该架构建立在深度自动编码器的基础上，并在编码器和解码器之间引入一个新的自表达层（Self-Expressive Layer，SEL），以模拟在传统的子空间聚类中已被证明有效的“自表达”特性。为了实现同时的特征学习和子空间聚类，Zhang 等[23]提出了一种自监督卷积子空间聚类网络，引入了一种双重自监督，即利用谱聚类的输出来监督特征学习模块和自我表达模块的训练。Peng 等[24]提出了一种稀疏子空间聚类的深度扩展，称为 ℓ_1-范数深度子空间聚类。

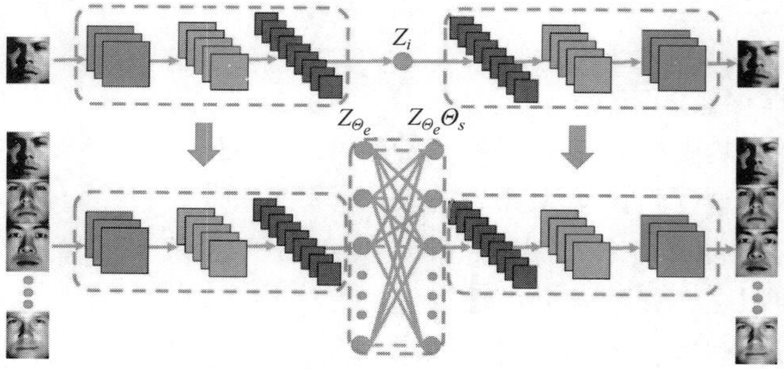

图 1.4　深度子空间聚类网络

同时，多视图深度子空间聚类也成为研究热点。Zhao 等[25]为了弥补每个视图和公共表示之间的差距，提出了一种基于固有几何结构约束的深度不完整多视图聚类方法。Abavisani 等[26] 提出了一种基于卷积神经网络（Convolutional Neural Networks，CNN）的无监督多模态子空间聚类方法，该框架由多模态编码器、自表示层和多模态解码器三个主要阶段组成。

一般来说，基于深度学习的方法优于一般的子空间聚类方法[27-28]，但基于深度学习的方法对计算机硬件的要求更高，聚类性能依赖于具体的深度网络结构，而且本书的研究重点与这些方法的研究重点有所不同，故本书对此不做过多的介绍。

上述方法在严格从线性无关子空间提取数据的情况下，可以获得良好的聚类结果。然而，由于数据不严格遵循子空间结构（由于噪声和损坏），从而增加了困难，甚至可能导致无法区分的子空间聚类。因此，我们需要考虑高维数据的多个子空间的子空间聚类算法。图 1.5 所示为三个主题的一些人脸图像。带有像素损坏、太阳镜或围巾的人脸图像偏离了它们的底层子空间。在这种情况下，子空间聚类的实现是具有挑战性的。

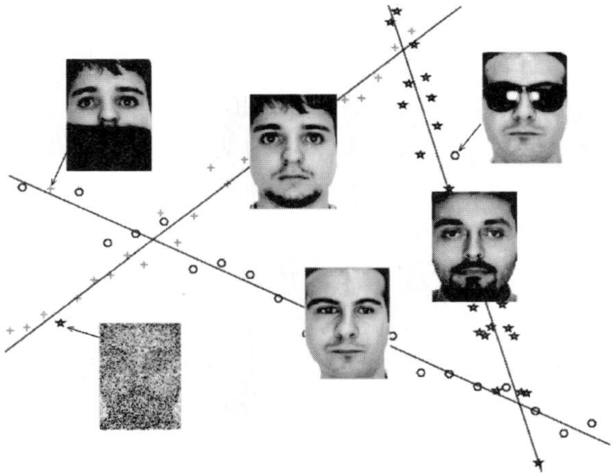

图 1.5　大尺度噪声对人脸聚类的影响

1.3　稀疏子空间聚类概述

基于表示的谱型方法是一种重要的子空间聚类方法，其数学上的简单和有效性，使得自表示模型备受关注。“表示”的语义，系指数据集 $\boldsymbol{X}$ 中的任意数据点都可表示为这个数据集中其他数据点的一个组合，即

$$\boldsymbol{x}_i = \boldsymbol{X}\boldsymbol{z}_i \text{ 或 } \boldsymbol{X} = \boldsymbol{X}\boldsymbol{Z} \tag{1.2}$$

其中：$z_i \in \mathbb{R}^N$ 为数据点 $\boldsymbol{x}_i$ 的表示向量；$\boldsymbol{Z} \in \mathbb{R}^{(N\times N)}$ 为相应的矩阵形式。

式（1.2）称为数据的“自表示性质”。

在实际应用中，数据中往往含有噪声，故数据表示为 $\boldsymbol{X}=\boldsymbol{AZ}+\boldsymbol{E}$。$\boldsymbol{A}$ 为纯净的数据或字典，一般取自观测数据 $\boldsymbol{X}$ 本身。$\boldsymbol{Z}$ 为系数表示矩阵，$\boldsymbol{E}$ 用来对数据中的噪声建模，通常对 $\boldsymbol{Z}$ 施加不同的先验约束。总之，基于子空间自表示模型的方法可以统一为求解以下优化问题：

$$\begin{cases}\min\limits_{\boldsymbol{Z},\boldsymbol{E}} \Re(\boldsymbol{Z}) + \lambda F(\boldsymbol{E}) \\ \text{s.t. } \boldsymbol{X} = \boldsymbol{XZ} + \boldsymbol{E},\ \boldsymbol{Z} \in \mathcal{C}\end{cases} \tag{1.3}$$

式中：$\Re(\boldsymbol{Z})$ 称为惩罚项（或正则项），作用是通过对系数表示矩阵的约束使其能保持较理想的结构；$\lambda>0$ 称为平衡参数（Trade-off Parameter）；$\mathcal{C}$ 为表示系数矩阵 $\Re(\boldsymbol{Z})$ 的约束集合；$F(\boldsymbol{E})$ 为刻画真实数据和表示数据之差的误差项，根据不同噪声的分布，采取不同的范数度量误差，这需要一定的先验知识或假设条件。

稀疏表示（Sparse Representation，SR）这一概念的提出得益于压缩感知理论的启发，该理论认为高维数据的信息是冗余的，如果这些数据可以压缩处理，那么就可以用较少的采样恢复原始高维数据。简单地说，稀疏表示用从过完备或冗余的基础或字典中选择的少量元素或原子的加权线性组合来表示数据中包含的大部分或全部信息。这样的字典是一组原子，其数目远远大于数据空间的维数。

稀疏性是指用尽量少的原子基表示数据，即数据的非零表示系数尽量少。如 1.1 节所述，广义上的稀疏性既包括向量的稀疏（一维稀疏），也包括矩阵的低秩（二维稀疏）。直观来看，$\|\boldsymbol{z}\|_0$ 可以很好地刻画向量 $\boldsymbol{x}$ 中非零元素的个数，然而 ℓ_0-范数的离散型使得其优化问题 NP-难（Nondeterminism Polynomial Hard）（多项式复杂程度的非确定性问题），所以一般由 $\|\boldsymbol{z}\|_1$ 来代替。理论上，由 $\|\boldsymbol{Z}\|_0$ 可以得到矩阵 $\boldsymbol{Z}$ 的秩，但该问题依然是 NP-难的，通常由 $\|\boldsymbol{Z}\|_*$ 代替。

目前，稀疏表示已经成为一个重要的研究课题[29-30]，在信号和数据处理中有各种应用，如图像去噪、数据建模、数据恢复、压缩感知等。

1.3.1 单视图稀疏子空间聚类研究现状

近年来，在稀疏表示理论、秩极小化和弗罗贝尼乌斯（Frobenius）范数等方面的一些工作被提出，这些技术可以在高维数据严重退化时有效地恢复多个子空间结构。但是，仍然存在一些有待解决的问题：如何通过构造相似图来选择一个良好的相似度矩阵，以及如何以一种时间高效的方式估计下一个子空间的个数和维数。图 1.6 所示为稀疏子空间聚类的基本框架。

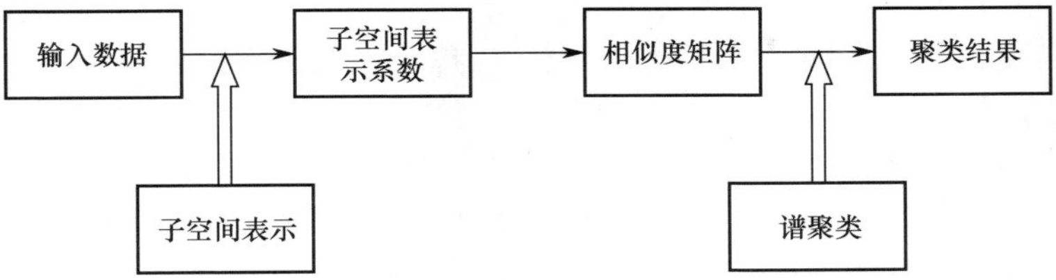

图 1.6　稀疏子空间聚类的基本框架

2009 年，Elhamifar 等[31] 提出了一种稀疏子空间聚类（Sparse Subspace Clustering，SSC）方法，它利用线性表示的系数矩阵的 ℓ_1-范数极小化产生的数据点的最稀疏表示来定义无向图的亲和矩阵。其子空间表示模型为

$$\begin{cases}\min\limits_{\boldsymbol{Z}} \|\boldsymbol{Z}\|_1 \\ \text{s. t. } \boldsymbol{X}=\boldsymbol{XZ};\ \boldsymbol{Z}_{ii}=0\end{cases} \tag{1.4}$$

该模型利用稀疏表示（Sparse Representation，SR）迫使每个数据仅用同一子空间中其他数据的线性组合来表示。在数据所属的子空间相互独立的情况下，式（1.4）的解 $\boldsymbol{Z}$ 具有块对角结构，这种结构揭示了数据的子空间属性：块的个数代表子空间个数，每个块的大小代表对应子空间的维数，同一个块的数据属于同一个子空间。值得注意的是，模型中的约束 $\boldsymbol{Z}_{ii}=0$ 是为了避免平凡解，即每个数据仅用它自己表示，从而 $\boldsymbol{Z}$ 为单位矩阵的情形。

然而，该方法单独考虑每个数据的稀疏表示，缺乏对数据集全局结构的描述。秩是一种矩阵稀疏度量[32]，也称为二维稀疏（相应地，称向量稀疏为一维稀疏）。由于矩阵的秩是离散的，通常的秩最小化问题难以求解，虽然 Zhang 等[32] 给出了一类特殊的秩最小化问题的解析解，但作者同时指出一般的秩最小化问题仍然可能是 NP-难问题。为了克服计算困难，通常将矩阵的秩凸松弛为核范数。Zhang 等[32] 也对一类核范数最小化问题给出了解析解，为捕获数据集的全局结构。2010 年，Liu 等[33] 进一步利用二维稀疏性提出了基于低秩表示（Low-Rank Representation，LRR）的子空间聚类方法，其子空间表示模型为

$$\begin{cases}\min\limits_{\boldsymbol{Z}} \|\boldsymbol{Z}\|_* \\ \text{s. t. } \boldsymbol{X}=\boldsymbol{XZ};\ \boldsymbol{Z}_{ii}=0\end{cases} \tag{1.5}$$

与式（1.4）类似，在数据所属的子空间相互独立的情况下，式（1.5）的解矩阵 $\boldsymbol{Z}$ 也是块对角矩阵。SSC 和 LRR 是稀疏子空间聚类的先驱性工作，在数

据聚类应用中取得了良好的效果。此外，Peng 等[34] 提出了一种基于 Frobenius 范数构造 L_2-图的子空间聚类方法，该方法计算量小。

然而，这些方法都是自表示方法，只能处理线性（或仿射）子空间。但是，在实际应用中，数据点可能不完全适合线性子空间模型。

使用内核方法，数据点可以映射到高维特征空间。然后，将输入数据空间中的非线性分析转化为特征空间中的线性分析[35]。内核策略（Kernel Trick）是内核方法的一种常见用法，其中特征映射是隐式的，特征空间中对数据点之间的内积计算为核值。图 1.7 展示了三维中保持子空间结构的特征映射，可以将非线性子空间映射到高维特征空间中的线性子空间。

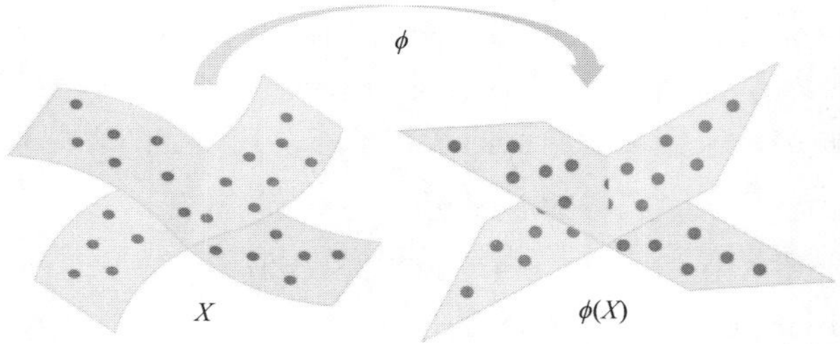

图 1.7　保持子空间结构的特征映射

因此，内核策略可以较好地实现非线性数据的子空间聚类任务。其中最具代表性的是核稀疏子空间聚类（Kernel SSC，KSSC）方法[36-37]，它用核矩阵取代了 SSC 中数据矩阵的内积。另一种方法，称为对称正定（Symmetric Positive Definite，SPD）黎曼流形上的核稀疏子空间聚类（KSSCR）[38]，将对数-欧几里得核（Log-Euclidean Kernel）应用于 SPD 矩阵。这些方法都是利用内核策略在原始数据映射得到的线性特征空间上执行聚类任务，即

$$\begin{cases}\min\limits_{Z} \dfrac{1}{2}\|\boldsymbol{\phi}(\boldsymbol{X})-\boldsymbol{\phi}(\boldsymbol{X})\boldsymbol{Z}\|_F^2+\lambda\Re(\boldsymbol{Z}) \\ \text{s.t. } \boldsymbol{Z}_{ij}\geqslant 0,\ \boldsymbol{Z}_{ii}=0\end{cases} \tag{1.6}$$

这个问题等价于

$$\begin{cases}\min\limits_{Z} \dfrac{1}{2}\text{Tr}[(\boldsymbol{I}-2\boldsymbol{Z}-\boldsymbol{Z}\boldsymbol{Z}^{\text{T}})\boldsymbol{K}]+\lambda\Re(\boldsymbol{Z}) \\ \text{s.t. } \boldsymbol{Z}_{ij}\geqslant 0,\ \boldsymbol{Z}_{ii}=0\end{cases} \tag{1.7}$$

式中：$\boldsymbol{\phi}(\cdot)$ 为核映射函数（Kernel Mapping Function）；$\boldsymbol{K}=\boldsymbol{\phi}(\boldsymbol{X})^{\text{T}}\boldsymbol{\phi}(\boldsymbol{X})$ 为核格拉姆矩阵（Kernel Gram Matrix）。

然而，在特征空间中，环境维度非常高。对于像高斯径向基函数（Radial

Basis Function，RBF）这样的常用内核，尽管“内核策略”的计算成本相对较低，但我们无法准确地确定数据点如何映射到特征空间。因此，在子空间聚类的背景下，隐式特征映射后，特征空间很可能不会出现期望的低维线性子空间结构。Ji 等[39] 为了将数据投影到具有线性低秩子空间结构的高维希尔伯特（Hilbert）空间中，研究了一种新的低秩核子空间聚类（Low-rank Kernel Space Clustering，LrKSC）方法，它能更好地处理非线性子空间。但这些方法存在以下两个缺陷：① 这些方法是基于单核学习设计的，对核选择的依赖限制了聚类性能；② 这些方法是基于 ℓ_1-范数或核范数对初始问题的凸松弛，这些凸松弛产生的解会偏离原问题的解，因此，最好使用非凸代理，而不引起计算复杂度的显著增加。

为了改善单核学习的不足，一些学者对算法进行了优化，并提出了多核学习（Multiple Kernel Learning，MKL）方法[40-41]。近年来，随着 MKL 技术优势的不断凸显，其在子空间聚类任务中的应用越来越广泛。MKL 的关键是要充分发挥每个核函数的优势，这通常是通过给每个基本核赋予适当的权重来实现的。Huang 等[42] 采用多亲合矩阵提出了一种亲和度聚集的子空间聚类（Affinity Aggregation for SC，AASC），这是多核聚类的一种成功尝试。Du 等[43] 结合 MKL 和 K-means 算法，设计了一种稳健的多核 K-means（Robust Multi-Kernel K-means，RMKKM）方法，该方法能够独立地从基本核池中选择合适的核，提高核设计或选择的效率。受此启发，Kang 等[44] 设计一种基于图的聚类和半监督分类的自加权多核学习（Self-weighted MKL，SMKL）方法，它能够自动为每个内核分配合适的权重，而不需要额外的参数。类似于 RMKKM，Kang 等通过学习最优核函数设计了一个 MKL 子空间聚类（Multi-kernel Subspace Clustering，SCMK）方法[45]。针对模型的稳健性，Yang 等[46] 设计了一种相关熵度量加权方法用于多核学习，取得了理想的聚类结果。通过充分考虑基核之间的内邻域结构，一种基于邻域核的多核聚类算法被提出[47]。总之，大量的研究结果证明了多核学习的学习效果和灵活性优于单核学习。遗憾的是，这些多核聚类方法并没有特别注意使用内核策略得到的数据空间是否包含多个低维子空间。

近年来对非凸代理的研究已经有了很大的进展，有研究表明基于 ℓ_p-范数的模型在图像去噪方面更有效[48]。研究人员还考虑了其他非凸代理函数，例如，类似的 ℓ_0-最小化、平滑剪裁绝对偏差（Smooth Clipping Absolute Deviation，SCAD）、多级凸松弛、对数、半二次正则化（Half-Quadratic Regularization，HQR），以及极小的凹惩罚（Minimax Concave Penalty，MCP）。最近也有一些关于非凸秩极小化函数的研究成果。Mohan 等[49] 开发了一种有效的 IRLS-p 方法来最小化秩函数。Rao 等[50] 提出 $S_{1/2}$-范数，并使用交替方向乘子法

(Alternating Direction Method of Multipliers, ADMM) 算法对视频背景建模。Kong 等[51] 用 Schatten p-norm 约束模型恢复噪声数据。Chen 等[52] 将 ℓ_p-范数与 Schatten p-范数约束相结合，提出了一种稳健子空间分割算法（lpSpSS），它可以捕获数据的局部和全局几何信息。Zhang 等[53] 提出了一种改进的 LRR 方法，即联合加权 Schatten-p 范数与 ℓ_q-范数（Weighted Schatten-p norm and Lq-norm, WSPQ)，通过加权 Schatten p-范数[54] 和 ℓ_q-范数实现低秩的性质；通过分配不同的权重，奇异值能更准确地逼近秩函数，并进一步介绍了 ℓ_q-范数为 WSPQ 建模不同的噪声和提高稳健性。另一种高效的非凸秩最小化是截断核范数[55]。然而，这些方法主要是对正则项进行了优化，忽略了数据的非线性结构，因此当高维数据包含复杂噪声和非线性结构时，这些方法的性能会受到影响。

另外，数据项用来表征数据的表示误差。对于数据中不同的噪声分布，数据项采用不同的范数度量[56-57]。例如，ℓ_1-范数用于处理稀疏随机噪声，Frobenius 范数用于处理高斯噪声，$\ell_{2,1}$-范数用于处理奇异的样本或采样污染。然而，这些方法并不能很好地描述非高斯噪声和脉冲噪声。为了提高这种情况下模型的稳健性，许多学者在聚类模型中加入了相关熵。作为一种稳健度量方法，相关熵能很好地抑制大尺度噪声对子空间聚类的影响。Lu 等[58] 通过相关熵诱导度量（Correntropy Induced Metric, CIM）测量近似误差，提出了相关熵诱导 L2 模型。Zhang 等[59] 提出了一个类似的模型，并给出了基于半二次（Half-Quadratic, HQ）优化的问题的有效迭代求解方法。He 等[60] 将 ℓ_1-ℓ_2 损失函数与 CIM 相结合，提高了在高维数据包含复杂噪声时模型的稳健性。Li 等[61] 提出了一种基于柯西损失函数（Cauchy Loss Function, CLF）的子空间聚类方法，它使用 CLF 来惩罚噪声项，以抑制混合在真实数据中的大尺度噪声。这几种模型对非高斯噪声和脉冲噪声具有较强的稳健性，但原问题分别通过 ℓ_1-范数和 Frobenius 范数对其松弛。并且，对于高维数据的非线性结构，上述方法均未进行研究。Xia 等[62] 将核方法与相关熵相结合，提出了一种稳健核稀疏子空间聚类模型并将其用于人体运动捕获数据，该模型对黎曼流形结构的建模和非高斯噪声的抑制具有良好的性能。不幸的是，这种方法仍然是通过 $\ell_{2,1}$-范数对原始问题的松弛实现的。

1.3.2 多视图稀疏子空间聚类研究现状

近年来，多视图学习已成为模式识别和机器学习等领域的重要内容与研究热点[63]。实际应用中，同一目标往往有多种不同的特征表示，这种数据一般称为多视图数据。由于这些特征表示总是反映了相同目标的不同特性，因此，同一个目标的多视图数据分析十分有意义。另一方面，目标的多种表示也会使得其冗余信息与维数急剧增加，这将不可避免地引发“维数灾难”，并强烈影响后续学习任务（如聚类等）的性能[64]。因此，对多视图数据进行联合低维表示学习是一个重要的研究内容，对后续学习任务来说无疑具有重要的理论支撑与实际意义。

稀疏表示的研究通常归结为稀疏字典的设计，从不同角度出发，可以设计出满足不同应用需求的字典[65]。针对多视图数据的稀疏表示，Xu 等[66] 提出了一种将稀疏表示分类和联合稀疏表示分类相结合的混合范数，并成功用于多视图人脸识别中。Mo 等[67] 首先提出了一种基于多特征的群稀疏表示模型，该模型通过适当选择特征形成字典；然后使用基于组稀疏的表示方案为每组选定的模板分配适当的权重。Cao 等[68] 通过使用联合稀疏表示从局部自适应字典中选择元素，重构出了异构多视图测试样本。Chen 等[69] 提出了一种将稀疏编码与多视图超图学习相结合的重排序方法，该方法在真正不合作的情况下获得更高的识别精度。Zang 等[70] 提出了一种多视图联合稀疏编码框架用于图像标注，其中人为设定的特性以及基于深度学习的特征和标签信息被视为不同的视图，并被多视图学习自适应地利用。Kang 等[71] 提出了一种基于多视图判别的多任务稀疏表示方法来利用多特征空间中的群相似性，该方法利用多视点判别矩阵将多特征观测群投影到一个公共子空间中，可以有效地判别观测群的可靠性，实现多视图融合。Yuan 等[72] 将稀疏编码用于多视图目标检测。Yang 等[73] 将稀疏编码和多视图方法结合起来，通过将训练块分成几个集群，每个集群学习多个字典，该方法用于红外图像并取得很好的聚类效果。

对于多视图数据，不同的视图可以提供互补的信息，所以在相同的学习任务中，更希望充分挖掘多视图数据的这种特性。为了研究多视图数据中所涉及的互补信息，人们提出了许多多视图聚类方法。早期的一些方法忽略了每个视图的局部结构，只是简单地将多视图数据中的所有特征拼接起来，然后进行子空间聚类。可以想象，这些方法并不太可能明显提高多视图数据的子空间聚类性能。Kumar 等利用协同训练（Co-trained）和协同正则化（Co-regularization），设计了两种多视图子空间聚类算法[74-75]。Wang 等[76] 提出的多视图学习模型，在整合所有异质特征时，能够有效地学习单个特征在不同簇上的权重。基于低秩稀疏分解，Xia 等[77] 提出了一种稳健的多视图谱聚类方法。Cao 等提出了一个多视图子空间模型，明确地加强了不同表示的多样性[78]。Gao 等同时学习一致性聚类结构和各视图的子空间表示[79]。另一些方法将单视图子空间聚类算法扩展到多视图情况[80]，在每个视图上构造亲和矩阵。然而，大多数实际数据并不是纯粹的（如被噪声破坏了）。在将单视图算法扩展到处理多视图数据的过程中，会导致噪声在亲和矩阵中传播，从而降低聚类性能。为了从多个视图中得到一致的聚类结果，Zhao 等[81] 采用了一般的非负矩阵分解公式，而且让具有两个视图的样本共享一个公共的表示矩阵，同时保持每个视图表示矩阵的特殊性。Zhang 等[82] 将视图特定样本建模为对所有视图一致的非线性映射，并根据一致潜在样本估计视图特定的相似矩阵。Brbić等[83] 基于协同正则化理论，提出了一种多视图谱聚类框架，通过构造多视图数据共享亲和矩阵来完成聚类任务。Abavisani 等[84] 通过对经典的 SSC 和 LRR 方法的扩展，实现了模态间的通用表示，提出了多模态子空间聚类。

在实际应用中，许多多视图数据集都可以用非线性流形进行更好的建模。因此，上面的一些方法使用“内核策略”来扩展它们的模型，以便更好地处理数据中的非线性结构。然而，这些核函数在其工作中是预先指定的，而且原问题是凸松弛的。由于这些方法中使用了预定义的核函数，因此（隐式）映射到特征空间后的数据不能保证是低秩的，因此不太可能形成多个低维子空间结构。同时，这些凸松弛产生的解会偏离原问题的最优解。

1.4 稀疏子空间聚类相关理论

前面已经介绍了子空间聚类的由来及研究现状，本节将介绍稀疏子空间聚类的相关理论和相关算法框架，包括稀疏表示、低秩表示的理论依据，及其优化算法，主要是 ADMM[85]。这些方法共同构成了本书研究的理论基础。

1.4.1 稀疏表示

如 1.3.1 节所述，SSC 利用线性表示的系数矩阵的 ℓ_1-范数极小化产生的数据点的最稀疏表示来完成子空间聚类。

（1）**ℓ_1-子空间检测性质**：在稀疏表示式（1.4）的解向量中，假设非零元素的位置对应 $\boldsymbol{X}$ 中的列 $\boldsymbol{x}_i$ 在同一个子空间内，当且仅当对所有的 i 都成立时，具有子空间 $\{S_i\}_{i=1}^{K}$ 的数据 $\boldsymbol{X}$ 满足 ℓ_1空间检测性质。在子空间相互独立时，稀疏表示显然可以正确执行。而实际数据的子空间往往是重叠的，且当数据被噪声污染后，子空间会被奇异点干扰。对此，Soltanolkotabi 等[86] 从理论上分析了稀疏表示的正确执行条件。为了更好地理解稀疏表示在子空间聚类任务中应用的机制及其局限性，我们把子空间的方向和每个子空间的数据分布都确定的情况称为确定性模型。然而，现实数据的每个子空间中的数据分布是随机的，这种情形称为半随机模型，接下来将主要介绍其理论保证。

（2）**主夹角**（Principal Angles）：假设两个子空间 $\boldsymbol{S}_i$ 和 $\boldsymbol{S}_j$ 的维度分别为 d_i 和 d_j，则这两子空间的一组主夹角 $\theta_{i,j}^{(k)}$ 满足

$$\cos(\theta_{i,j}^{(k)}) = \max_{\boldsymbol{v}_i \in \boldsymbol{S}_i} \max_{\boldsymbol{v}_j \in \boldsymbol{S}_j} \frac{\boldsymbol{v}_i^{\mathrm{T}} \boldsymbol{v}_j}{\| \boldsymbol{v}_i \|_2 \| \boldsymbol{v}_j \|_2}$$

假设子空间 $\boldsymbol{S}_i$ 和 $\boldsymbol{S}_j$ 的基 $\boldsymbol{U}_i$ 和 $\boldsymbol{U}_j$ 中的列向量是正交基，则其主夹角的余弦值是 $\boldsymbol{U}_i{}^{\mathrm{T}}\boldsymbol{U}_j$ 的奇异值。用 $\theta_{i,j} = \theta_{i,j}^{(1)}$ 表示最小的主夹角，则 $\cos(\theta_{i,j})$ 即为最大的奇异值。两个子空间的相似度可以定义为

$$A(\boldsymbol{S}_i, \boldsymbol{S}_j) = \left[(\cos^2(\theta_{i,j}^{(1)}) + \cdots + \cos^2(\theta_{i,j}^{d_i \vee d_j})) \right]^{\frac{1}{2}}$$

假设每个子空间 $\boldsymbol{S}_i$ 包含的点是随机的且个数为 $n_i = \rho_i d_i + 1$，其中 $1 \leqslant i \leqslant j$ 且对所有 i 都满足以下条件

$$\frac{A(\boldsymbol{S}_i, \boldsymbol{S}_j)}{\sqrt{d}} < \frac{c\sqrt{\log \rho}}{4\sqrt{2}(2\log n + t)}$$

式中：d 为子空间的总维度；c 为常数。

子空间检测性质成立与概率为

$$1 - \sum_{i=1}^{L} n_i \mathrm{e}^{-\sqrt{d_i(n_i - 1)}} - \frac{1}{L^2} \sum_{j \neq i} \frac{4\mathrm{e}^{-2t}}{(n_j + 1) n_i}$$

由分析可知，如果子空间之间的相似度与其维度的平方根满足上述的关系，则子空间是可以分割的[87]。这也是符合直观感受的，假设两个子空间相距太近，那么子空间很难划分。Elhamifar[88] 也证明当数据的分布和子空间之间的主夹角满足一定的条件时，对系数表示矩阵的 ℓ_1-最小化可以顺利完成子空间聚类任务。

1.4.2　低秩表示

如 1.3.1 节所述，利用数据的自表示特性，可以通过最小化矩阵秩（二维稀疏）来执行子空间聚类任务。假设数据向量的一部分被严重破坏，基于式（1.5）可以得到一个更合理的目标模型：

$$\min_{\boldsymbol{Z}} \| \boldsymbol{Z} \|_* + \lambda \| \boldsymbol{E} \|_{2,1} \quad \text{s.t. } \boldsymbol{X} = \boldsymbol{X}\boldsymbol{Z} + \boldsymbol{E} \tag{1.8}$$

式中：参数 λ 用于平衡两部分的效果，可以根据两种规范的特性进行选择，也可以根据经验进行调优；$\| \boldsymbol{E} \|_{2,1} = \sum_{j=1}^{N} \sqrt{\sum_{i=1}^{N} (\boldsymbol{E}_{i,j})^2}$ 表示 $\ell_{2,1}$-范数，用来抑制离群点噪声。

这里的基本假设是一些数据向量损坏了，而其他的是干净的。

对于传统的子空间恢复算法：首先对观测数据 $\boldsymbol{X}$ 进行简单的奇异值分解（Singular Value Decomposition，SVD）：$\boldsymbol{X}=\boldsymbol{U\Sigma V}^{\mathrm{T}}$；然后用 $|\boldsymbol{VV}^{\mathrm{T}}|$ 完成子空间分割。然而，当样本含有大尺度噪声（实际数据往往如此）时，$\boldsymbol{V}$ 往往偏离实际值 $\boldsymbol{V}_0$，从而导致错误的子空间分割。当数据存在奇异点时，只要满足一定的条件，LRR 依然是能够准确恢复 $|\boldsymbol{V}_0\boldsymbol{V}_0^{\mathrm{T}}|$ 的。接下来，给出了该模型适用的必要条件以及需满足的假设条件。

（1）**必要条件**：假设式（1.8）的解为 $(\boldsymbol{Z}^*,\boldsymbol{E}^*)$，且有 $\boldsymbol{X}=\boldsymbol{U\Sigma V}^{\mathrm{T}}$ 和 $\boldsymbol{X}_0=\boldsymbol{U}_0\boldsymbol{\Sigma}_0\boldsymbol{V}_0^{\mathrm{T}}$，如果 $(\boldsymbol{Z}^*)$ 能精确恢复 $\boldsymbol{V}_0^{\mathrm{T}}$，则 $\boldsymbol{V}_0^{\mathrm{T}}$ 必定是 $\boldsymbol{V}^{\mathrm{T}}$ 的子空间。

（2）**相对良性条件**：假设观测数据 $\boldsymbol{X}=\boldsymbol{X}_0+\boldsymbol{E}$，其中 $\boldsymbol{X}_0=\boldsymbol{XZ}$，且有 $\boldsymbol{X}=\boldsymbol{U\Sigma V}^{\mathrm{T}}$ 和 $\boldsymbol{X}_0=\boldsymbol{U}_0\boldsymbol{\Sigma}_0\boldsymbol{V}_0^{\mathrm{T}}$，若满足条件

$$\|\boldsymbol{\Sigma}^{-1}\boldsymbol{V}^{\mathrm{T}}\boldsymbol{U}_0\| \leqslant \frac{1}{\beta\|\boldsymbol{X}\|} \tag{1.9}$$

则 $\boldsymbol{X}_0$ 满足参数为 β 的相对良性条件（Relatively Well-defined Condition）。

（3）**列不相关性**：若矩阵 $\boldsymbol{X}_0\in\mathbb{R}^{D\times N}$ 的列不稀疏，有 $\boldsymbol{X}_0=\boldsymbol{U}_0\boldsymbol{\Sigma}_0\boldsymbol{V}_0^{\mathrm{T}}$ 且 rank$(\boldsymbol{X}_0)=r_0$，$\boldsymbol{X}_0$ 中有 $(1-\gamma)N$ 列不为零，且满足条件

$$\max_i\|\boldsymbol{V}_0^{\mathrm{T}}\boldsymbol{e}_i\|^2 \leqslant \frac{\mu r_0}{(1-r)N} \tag{1.10}$$

则 $\boldsymbol{X}_0$ 是 μ-列不相关的，其中 $\boldsymbol{e}_i$ 为标准正交基。

1.4.3 子空间聚类优化算法

前面已经介绍了两类典型的子空间聚类方法：基于稀疏表示和基于低秩表示。这两种模型中都有多个优化目标变量，并且模型都是非光滑的凸优化问题。接下来，介绍一种最为常用的优化方法——ADMM[85]，该算法也是本书用到的主要优化算法。

对于可分离凸优化问题，例如，SSC、LRR 等带有等式约束的多变量目标函数的最小化问题，ADMM 可以对其进行简单有效的求解。该算法主要是借助增广拉格朗日算法[89]，将目标函数与其等式约束集成到一起，然后对目标函数中的多个变量交替优化。具体过程为

$$\begin{cases}\min\limits_{X,Z} f(\boldsymbol{X})+\lambda g(\boldsymbol{Z})\\ \text{s.t. } \boldsymbol{AX}+\boldsymbol{BZ}=0\end{cases} \tag{1.11}$$

式中：$f(\boldsymbol{X})$ 和 $g(\boldsymbol{Z})$ 为凸函数，且 $\boldsymbol{X}$ 和 $\boldsymbol{Z}$ 可分离。

ADMM 可以将上述优化问题转化为两个优化子问题，然后分别对 $\boldsymbol{X}$ 和 $\boldsymbol{Z}$ 交替优化，直至获得最优解。式（1.11）的增广拉格朗日函数可表示为

$$L(\boldsymbol{X},\ \boldsymbol{Z},\ \boldsymbol{Y}) = f(\boldsymbol{X}) + g(\boldsymbol{Z}) + \boldsymbol{Y}^{\mathrm{T}}(\boldsymbol{AX} + \boldsymbol{BZ} - \boldsymbol{C}) + \frac{\mu}{2}\|\boldsymbol{AX} + \boldsymbol{BZ} - \boldsymbol{C}\|_F^2 \tag{1.12}$$

式中：μ 为惩罚系数；$\boldsymbol{Y}$ 为拉格朗日乘子。

根据式（1.12），ADMM 交替求解如下子问题：

$$\begin{cases} \boldsymbol{X}^{k+1} = \arg\min\limits_{\boldsymbol{X}} \left(f(\boldsymbol{X}) + \dfrac{\mu}{2}\|\boldsymbol{AX} + \boldsymbol{BZ}^k - \boldsymbol{C} + \boldsymbol{Y}^k/\rho\|_F^2 \right) \\ \boldsymbol{Z}^{k+1} = \arg\min\limits_{\boldsymbol{Z}} \left(f(\boldsymbol{X}) + \dfrac{\mu}{2}\|\boldsymbol{AX}^{k+1} + \boldsymbol{BZ} - \boldsymbol{C} + \boldsymbol{Y}^k/\rho\|_F^2 \right) \\ \boldsymbol{Y}^{k+1} = \boldsymbol{Y}^k + \mu(\boldsymbol{AX}^{k+1} + \boldsymbol{BZ}^{k+1} - \boldsymbol{C}) \end{cases} \tag{1.13}$$

关于 ADMM 的收敛性，需要以下两个假设条件：① 非增广拉格朗日函数存在鞍点[90]；② f 和 g 分别是闭凸函数和扩展的实数函数。在此假设条件下，可以利用目标函数的最优性质条件分析原目标函数及其增广拉格朗日函数的收敛性以及残差约束。

假设条件 ① 意味着存在变量 $\boldsymbol{X}$ 和 $\boldsymbol{Z}$ 能够最小化其增广拉格朗日函数；假设条件② 意味着对于任意的 $\boldsymbol{X}$、$\boldsymbol{Z}$、$\boldsymbol{Y}$，存在 $\boldsymbol{X}^*$、$\boldsymbol{Z}^*$、$\boldsymbol{Y}^*$ 满足

$$L(\boldsymbol{X}^*,\ \boldsymbol{Z}^*,\ \boldsymbol{Y}) \leqslant L(\boldsymbol{X}^*,\ \boldsymbol{Z}^*,\ \boldsymbol{Y}^*) \leqslant L(\boldsymbol{X},\ \boldsymbol{Z},\ \boldsymbol{Y}^*) \tag{1.14}$$

1.5　本书的主要内容

本书主要研究单视图数据和多视图数据的子空间聚类模型和算法。首先针对单视图数据，研究数据的非线性、非凸低秩表示和非高斯噪声的抑制，并提出了相应的子空间聚类算法。然后针对多视图数据子空间聚类的问题，采用低秩核约束的思路，通过协同学习方法来获得各视图的连通表示，进而把单视图子空间聚类推广到多视图数据聚类中。图 1.8 所示为本书具体研究的内容。

（1）采用“内核策略”的方法可以有效处理数据的非线性问题，而数据中的复杂噪声可以通过引入相关熵进行抑制。基于此，第 2 章提出了一种适用性更广泛的单视图数据子空间聚类方法，称为（基于非凸）低秩核子空间聚类（Robust Low-rank Kernel Subspace Clustering，RLKSC）并为其设计了一种高效的求解算法。此外，分析了 RLKSC 的算法复杂度以及收敛性。最后，在 3 个人脸图像数据集、一个物体数据集和一个运动数据集上进行了大量的子空间聚类实验。

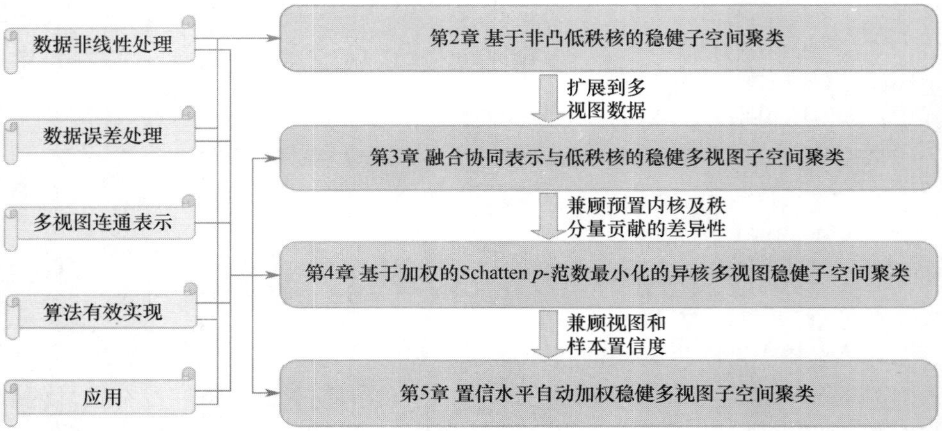

图 1.8 本书的主要内容

（2）多视图子空间聚类是一种有效的聚类问题。现有的多视图聚类方法通常是将原始问题凸松弛以便求解，但这类方法得到的往往是次优解。为了更好地适应多视图数据中的非线性结构并抑制数据中的非高斯噪声，本书第 3 章借助协同学习的思想，提出了一种融合协同表示与低秩核多视图子空间聚类（Robust Low-rank Kernel Multi-View Subpace Clustering，RLKMSC），分析了算法的时间复杂度及收敛性问题。一系列在图像数据集、生物信息数据集、文本数据集上的实验结果表明所提算法可以获得理想的聚类效果。

（3）同一个目标的不同视图表示数据包含了目标的不同特征，但各视图数据的特性是有差异的。因此，为不同的视图数据预置不同的内核有助于充分挖掘特征空间中不同视图所提供的互补信息。此外，通过低秩约束获取的秩有大小的差异，其贡献也是有差异性的。基于此，本书第 4 章提出了一种基于加权 Schatten p 的异核（多核）多视图低秩核子空间聚类方法（Multi-Kernel Low-rank Robust Multi-View Subpace Clustering，MKLR-RMSC）。在 5 种常用的数据集上，我们的方法比几种最先进的方法更有效、更稳健。

（4）虽然第 4 章中提出了一种异核多视图子空间聚类方法，但若单独分析每个视图，其本质上依然属于“单核”的范畴。为此，我们利用子空间的自表达特性，设计了一种自适应低秩多核学习（Multiple Kernel Learning，MKL）策略。同时，考虑到不同视图可能具有不同的置信水平，且同一个视图中的不同样本也可能具有不同的置信水平。为此，设计了一种自适应的样本加权策略，使得我们的模型在学习所有视图的一致性表示时，能够同时关注视图和样本的置信水平。基于这些考虑，第 5 章提出了一种置信水平自加权稳健多视图子空间聚类（Confidence Level Self-Weighted Robust Multi-view Subspace Clustering，CLWRMSC）方法，大量实验证明，该模型是一种优秀的多视图聚类算法。

1.6　本书结构

本书具体内容如下。

第 1 章，首先介绍了研究背景及意义，接着对单视图数据和多视图数据的子空间聚类方法阐述了国内外研究现状，介绍稀疏子空间聚类的相关理论和相关算法框架，最后总结了本书主要的研究工作及组织结构。

第 2 章，提出了一种适用性更广泛的稳健低秩核子空间聚类方法，利用非凸低秩核确保特征空间中包含多个低维的子空间，并通过引入相关熵抑制数据中的复杂噪声以提高模型的稳健性。

第 3 章，在第 2 章的基础上，借助协同学习的思想，获取所有视图的联合表示，同时巧妙融合非凸低秩核和相关熵，提出了一种低秩核的稳健多视图子空间聚类算法。

第 4 章，提出了一种异核（多核）低秩稳健多视图子空间聚类方法。通过给不同视图预置不同的核函数，以便获取特征空间中不同视图所提供的互补信息。模型中的加权 Schatten p-范数可以平衡不同秩的贡献。

第 5 章，提出了一种置信水平自加权稳健多视图子空间聚类模型，设计了自适应低秩多核学习策略和自适应的样本加权策略，避免样本受噪声污染而导致的聚类性能降低问题。

第 6 章，对本书所做的主要工作进行了总结，并对未来的研究工作进行了展望。

第2章 基于非凸低秩核的稳健子空间聚类

对于现实数据中的非线性结构，目前研究人员已经提出了很多基于“内核策略”的子空间聚类算法，通过使用多项式核或高斯径向基函数（RBF）核将数据矩阵的内积替换为核矩阵。然而，在这些方法中使用预定义的内核之后，隐式映射到特征空间之后的数据不能保证是低秩的，因此不太可能形成多个低维子空间结构。此外，这些方法在处理数据中的噪声时基本都是基于噪声稀疏这一假设，当数据中含有非高斯噪声（脉冲噪声、遮挡、数据丢失、离群点等）时，聚类效果会明显下降。基于此，本章提出了一种基于 Schatten p-范数和相关熵的低秩核子空间聚类模型，给出了推导各子问题的闭式解的方法，然后使用 ADMM[85] 和 HQ 技术[91] 求解该模型，给出了完整的算法并分析了其收敛性。

2.1 引 言

近年来，基于谱聚类的方法涌现，这些方法首先构建亲和矩阵，然后应用谱聚类算法[92] 获取聚类结果。然而，所有这些方法都只能处理线性（或仿射）子空间。在实践中，数据点可能不完全适合一个线性子空间模型。例如，在运动分割中，摄像机经常会有一定程度的透视失真，使得仿射摄像机的假设不成立；在这种情况下，一个运动的轨迹位于非线性子空间（或子流形）中。图 2.1 是利用 SSC 和 LrKSC 对 Hopkins155（霍普金斯 155）数据集的 2RT3RCR 序列进行运动分割的结果，其中来自同一运动的特征点用同一种颜色标记。

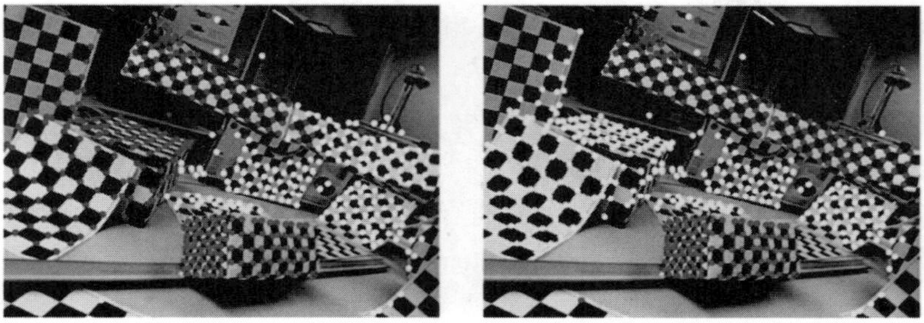

(a) SSC　　(b) LrKSC

图 2.1　利用 SSC 和 LrKSC 对 Hopkins155 数据集的 2RT3RCR 序列的分割结果

其他一些方法利用“内核策略”将线性子空间聚类推广到非线性子空间聚类，如潜在空间稀疏子空间聚类（Latent Space Sparse Subspace Clustering，LatSSC）[36]、核稀疏子空间聚类（Kernel Sparse Subspace Clustering，KSSC）[37]、黎曼流形上的核稀疏子空间聚类（Kernel Sparse Subspace Clustering on Riemannian Manifold，KSSCR）[38]。特别是 LatSSC 和 KSSC 是将 SSC[88] 核化，采用多项式核或高斯 RBF 核将数据矩阵的内积替换为核矩阵。KSSCR 假设数据来自对称正定（Symmetric Positive Definite，SPD）矩阵，并在 SPD 矩阵上应用对数-欧几里得核对 SSC 进行核化。然而，由于这些方法中使用了预定义的内核，由于（隐式）映射到特征空间后的数据不能保证是低秩的，因此不太可能形成多个低维子空间结构。

对此，一种基于约束核的子空间聚类方法 LrKSC 被提出[39]，该方法在 SSC 的框架上，融入了约束核项 $\|\varphi(\boldsymbol{X})\|_*$。LrKSC 的关键是，通过学习一个低秩特征映射，以便使特征空间数据有期望的线性子空间结构。通过对每个子问题求取闭式解，推导出模型的有效 ADMM 解。如图 2.1 所示，该方法明显提高了非线性数据的子空间聚类性能。正如前面所述，由于该模型使用核范数对 $\varphi(\boldsymbol{X})$进行约束，这种方法是对原问题的凸松弛，其解往往偏离原始问题的最优解[52]。这促使研究人员不断寻找非凸代理来解决这个问题。

另外，数据项用来表征数据的表示误差。对于数据中不同的噪声分布，数据项采用不同的范数度量[56-57]。例如，ℓ_1-范数用于处理稀疏随机噪声，Frobenius-范数用于处理高斯噪声，$\ell_{2,1}$-范数用于处理奇异的样本或采样污染。然而，这些方法并不能很好地描述非高斯噪声和脉冲噪声。为了提高这种情况下模型的稳健性，许多学者在聚类模型中加入了相关熵。作为一种稳健度量方法，相关熵能很好地抑制大尺度噪声对子空间聚类的影响。Lu 等[58] 通过相关熵诱导度量（Correntropy Induced Metric，CIM）测量近似误差，提出了相关熵诱导 L2 模型。Zhang 等[59] 提出了一个类似的模型，并给出了 HQ 优化的问题的有效迭代求解方法。He 等[60] 将 $\ell_1-\ell_2$ 损失函数与 CIM 相结合，提高了在高维数据包含复杂噪声时模型的稳健性。这几种模型对非高斯噪声和脉冲噪声具有较强的稳健性，但对于高维数据的非线性结构，上述方法均未进行研究。

本章主要讨论内核约束的非凸代理及模型的稳健性问题。为了能够有效逼近数据的实际秩，Kong 等[51] 用 Schatten p-范数约束模型恢复噪声数据。Chen 等[52] 将 ℓ_p-范数与 Schatten p-范数约束相结合，提出了一种稳健子空间分割（ℓ_p-norm and Schatten p-norm Subspace Segmentation，ℓ_pSpSS）算法，它可以捕获数据的局部和全局几何信息。受此启发，通过对比算法 ℓ_pSpSS 与 LrKSC，我们发现可以利用 Schatten p-范数对内核函数进行低秩约束，以便更好地处理数据中的非线性结构。同时，受 CIM 启发，我们将相关熵引入模型以应对数据的大尺度噪声。本章提出了一种新的子空间聚类算法，称为 RLKSC。在 RLKSC 中，我们以 SSC 为框架，巧妙地融入非凸低秩核约束 $\|\phi(\boldsymbol{X})\|_{S_p}^p$ 和稳健数据项 $\varphi(\boldsymbol{E}_{i,j})$。此外，设计了一个半二次交替方向乘子算法（HQ-ADMM）对该问题进行优化。

本章内容如下：2.2 节简要回顾相关的工作；2.3 节详细介绍稳健低秩核子空间聚类模型及求解策略；2.4 节给出本章算法的收敛性及计算复杂度分析；2.5 节在多个数据集上进行验证实验，并对实验结果进行分析；2.6 节对本章内容进行小结和讨论。

2.2 相关工作

本节对 Schatten p-范数和相关熵进行了简要回顾。

2.2.1 Schatten p-范数

假设 $\boldsymbol{X}\in\mathbb{R}^{D\times N}$ 是任意矩阵，其 SVD 可以表示为 $\boldsymbol{U\Sigma V}^{\mathrm{T}}$，则矩阵 $\boldsymbol{X}$ 的 Schatten p-范数可表示为

$$\|\boldsymbol{X}\|_{S_p}=\left(\sum_{i=1}^{\min(D,N)}\delta_i^p\right)^{\frac{1}{p}}=\left(\mathrm{Tr}\left((\boldsymbol{X}^{\mathrm{T}}\boldsymbol{X})^{\frac{p}{2}}\right)\right)^{\frac{1}{p}} \tag{2.1}$$

式中：$0<p\leqslant1$；δ_i 为 $\boldsymbol{X}$ 的第 i 个奇异值。

当然，我们通常会使用以下表达式，即

$$\|\boldsymbol{X}\|_{S_p}^p=\sum_{i=1}^{\min(D,\ N)}\delta_i^p=\mathrm{Tr}\left((\boldsymbol{X}^{\mathrm{T}}\boldsymbol{X})^{\frac{p}{2}}\right) \tag{2.2}$$

一种广泛使用的 Schatten p-范数是 Schatten 1-范数，即

$$\| \boldsymbol{X} \|_{S_1} = \sum_{i=1}^{\min(D,\ N)} \delta_i = \mathrm{Tr}\left((\boldsymbol{X}^{\mathrm{T}}\boldsymbol{X})^{\frac{1}{2}} \right) \tag{2.3}$$

式（2.3）也称迹范数，在文献中也用 $\| \boldsymbol{X} \|_*$ 或者 $\| \boldsymbol{X} \|_\Sigma$ 表示。

此外，矩阵 $\boldsymbol{X}$ 的 Schatten 0-范数可以表示为

$$\| \boldsymbol{X} \|_{S_0} = \sum_{i=1}^{\min(D,\ N)} \delta_i^0 \tag{2.4}$$

式中：当 $S_i=0$ 时，有 $0^0=0$。在此定义下，矩阵 $\boldsymbol{X}$ 的 Schatten 0-范数恰好为 $\boldsymbol{X}$ 的秩，即 $\| \boldsymbol{X} \|_{S_0}=\mathrm{rank}(\boldsymbol{X})$。因此，与 $\| \boldsymbol{X} \|_*$ 相比 $\| \boldsymbol{X} \|_{S_p}$ 更接近 $\boldsymbol{X}$ 的秩。

2.2.2　相关熵

相关熵是一种局部相似度度量，当两个样本相距非常远时，它可以从数值上削弱两个样本的不相似度，因此具有较强的稳健性。利用它来测量误差，使本章提出的模型能够处理各种非高斯噪声，如脉冲噪声、缺失数据噪声、异常值等。根据相关文献[93]，假设 $\boldsymbol{x}$ 和 $\boldsymbol{y}$ 是两个任意变量，其相关熵定义为

$$V(\boldsymbol{x},\boldsymbol{y}) = E[k(\boldsymbol{x},\boldsymbol{y})] \tag{2.5}$$

式中：$k(\cdot,\cdot)$ 是核函数；$E[\cdot]$ 表示数学期望。

实际上，$\boldsymbol{x}$ 和 $\boldsymbol{y}$ 的概率密度函数通常是未知的，但可以得到有限数量的数据样本 $\{(\boldsymbol{x}_i,\boldsymbol{y}_i)\}_{i=1}^N$，通常的做法是使用 $V(\boldsymbol{x},\boldsymbol{y})$ 来计算 $\boldsymbol{x}$ 和 $\boldsymbol{y}$ 的相关熵：

$$V(\boldsymbol{x},\ \boldsymbol{y}) = \frac{1}{N}\sum_{i=1}^{N} k_\sigma(x_i,y_i) \tag{2.6}$$

在本章所提出的模型中，只考虑高斯核 $k_\sigma(\boldsymbol{x}_1,\boldsymbol{x}_2)=\exp\left(-\dfrac{\| \boldsymbol{x}_1-\boldsymbol{x}_2 \|_2^2}{2\sigma^2}\right)$，其中参数 σ 表示核的宽度。由式（2.6）可知，两个变量越相似，相关熵越大。一般的相关熵度量被扩展为任意两个变量之间的相关性度量（CIM）[93]，它的定义为

$$\begin{aligned}\mathrm{CIM}(\boldsymbol{x},\ \boldsymbol{y}) &= (1 - V(\boldsymbol{x},\boldsymbol{y}))^{\frac{1}{2}} \\ &= \left(1 - \frac{1}{N}\sum_{i=1}^{N} k_\sigma(x_i,y_i)\right)^{\frac{1}{2}}\end{aligned} \tag{2.7}$$

CIM 是在误差相对较小的情况下近似于绝对误差的局部度量。对于通常由异常值引起的较大误差，CIM 的值接近于 1，说明其对 CIM 的影响有限。这就是 CIM 对非高斯噪声具有更强稳健性的原因。对于一个优化问题，相关熵最大化等价于 CIM 最小化，也称为最大相关性准则（Maximum

Correntropy Criterion，MCC）[93]。

为了更好地理解相关熵抑制非高斯噪声的原理，我们列举了两个实验。

（1）简单的回归实验[94]：对三维空间中的采样点进行平面拟合，其中有些采样点含有脉冲噪声。最小均方误差（Minimum Mean Square Error，MMSE）是一种全局测度，被用作一种比较算法。如图 2.2（a）所示，MCC 的性能显著优于 MMSE，证明了 MCC 的稳健性。

（2）损失函数对比：我们比较了几个损失函数的影响，包括绝对误差（ℓ_1-范数）、均方误差（ℓ_2-范数）和 CIM，图 2.2（b）表明 CIM 可以更好地处理较大的误差。

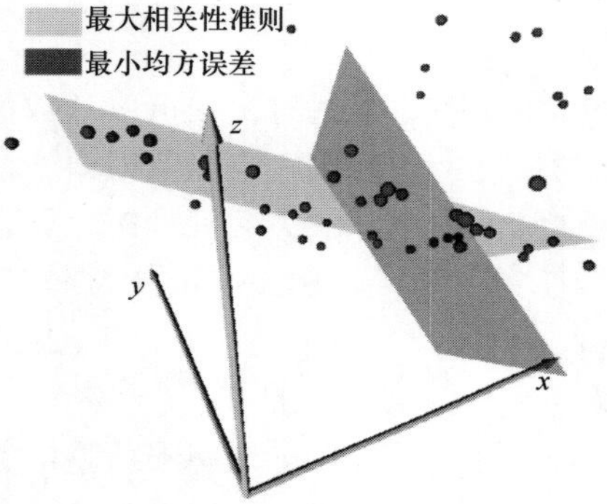

(a) MCC和MMSE的回归结果

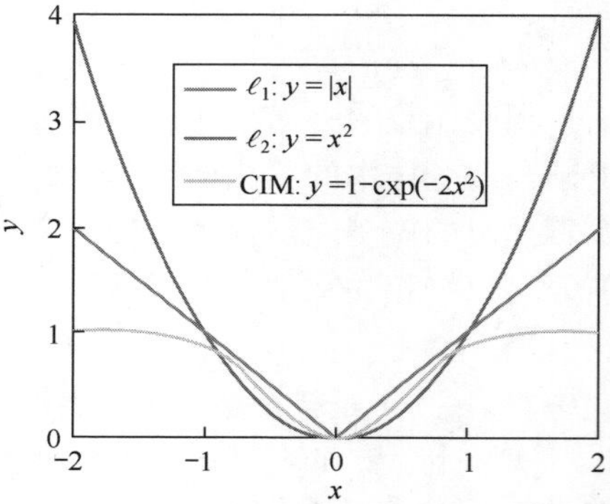

(b) 不同损失函数的对比

图 2.2　相关熵稳健性验证（见彩图）

2.3　稳健低秩核子空间聚类模型与求解策略

在本节中，考虑到数据点的非线性结构，我们首先介绍一个处理非严重破坏的模型及其求解算法。在此基础上，提出了数据点严重污染情况下的稳健低秩核子空间聚类模型。在这个模型中，作为一个非凸代理，Schatten p-范数与"内核策略"和相关熵结合在一起进行聚类。给出了推导各子问题的闭式解的算法，然后使用 ADMM[85] 和 HQ 技术[91] 求解该模型，给出了完整的算法。

2.3.1　稳健低秩核子空间聚类模型

本研究的动力来自以下 3 个方面："内核策略"可以将线性子空间聚类扩展到非线性对应子空间；Schatten p-范数正则化器作为一种非凸算法可以有效地逼近原问题的解；相关熵是处理大规模腐败的有力措施。

如图 1.7 所示，为了处理数据的非线性结构，我们利用核函数将数据映射到具有线性子空间结构的高维特征空间中。当然，为了使这些子空间具有低维属性，我们的模型必须学习低秩核映射。

给定的数据矩阵 $\boldsymbol{X} \in \mathbb{R}^{D\times N}$，其中 D 和 N 分别表示特征维数和数据点的数量。如前所述，特征映射 $\boldsymbol{\phi}(\boldsymbol{X})$ 应该是低秩的。假设存在未知的核矩阵 $\boldsymbol{K}=\boldsymbol{\phi}(\boldsymbol{X})^{\mathrm{T}}\boldsymbol{\phi}(\boldsymbol{X})$，结合数据的自表示要求，可以得到如下优化问题：

$$\begin{cases}\min\limits_{\boldsymbol{K},\ \boldsymbol{Z}} \|\boldsymbol{\phi}(\boldsymbol{X})\|_{S_p}^{p} + \lambda \|\boldsymbol{Z}\|_1 \\ \text{s. t. } \boldsymbol{\phi}(\boldsymbol{X}) = \boldsymbol{\phi}(\boldsymbol{X})\boldsymbol{Z},\ \boldsymbol{Z}_{ii} = 0\end{cases} \tag{2.8}$$

在该算法中，因为 $\boldsymbol{\phi}(\boldsymbol{X})$ 的具体形式通常是未知的，我们需要应用“内核策略”。然而，$\|\boldsymbol{\phi}(\boldsymbol{X})\|_{S_p}^{p}$ 明显依赖于 $\phi(\boldsymbol{X})$，所以直接优化式（2.8）比较困难，相关文献提供了这个问题的解决方案[39]。在它们的启发下，我们引入一个满足 $\boldsymbol{K}=\boldsymbol{B}^{\mathrm{T}}\boldsymbol{B}$ 的方阵 $\boldsymbol{B}$，可以得到 $\|\boldsymbol{\phi}(\boldsymbol{X})\|_{S_p}^{p} = \|\boldsymbol{B}\|_{S_p}^{p}$。然后，我们通过在式（2.8）中添加一个正则化项来处理由自表示引起的偏差：$\|\boldsymbol{\phi}(\boldsymbol{X})-\boldsymbol{\phi}(\boldsymbol{X})\boldsymbol{Z}\|_F^2=\mathrm{Tr}[(\boldsymbol{I}-2\boldsymbol{Z}+\boldsymbol{Z}\boldsymbol{Z}^{\mathrm{T}})\boldsymbol{B}^{\mathrm{T}}\boldsymbol{B}]$。为适应仿射子空间，需要在目标函数上增加一个仿射约束。那么，优化问题可以表示为

$$\begin{cases}\min\limits_{\boldsymbol{B},\boldsymbol{Z}} \|\boldsymbol{B}\|_{S_p}^{p} + \lambda_1 \|\boldsymbol{Z}\|_1 + \dfrac{\lambda_2}{2}\mathrm{Tr}((\boldsymbol{I} - 2\boldsymbol{Z} + \boldsymbol{Z}\boldsymbol{Z}^{\mathrm{T}})\boldsymbol{B}^{\mathrm{T}}\boldsymbol{B}) + \dfrac{\lambda_3}{2}\|\boldsymbol{K}_G - \boldsymbol{B}^{\mathrm{T}}\boldsymbol{B}\|_F^2 \\ \text{s. t. } \boldsymbol{Z}_{ii} = 0,\ \mathbf{1}^{\mathrm{T}}\boldsymbol{Z} = \mathbf{1}^{\mathrm{T}}\end{cases} \tag{2.9}$$

式中：$\boldsymbol{K}_G$ 为给定的正定核矩阵，$\mathbf{1}=[1,1,\cdots,1]^{\mathrm{T}}$。

为了方便求解，引入了一个辅助变量 $\boldsymbol{A}$ 来处理 $\boldsymbol{Z}$ 上的对角约束，即 $\boldsymbol{A}=\boldsymbol{Z}-\mathrm{diag}(\boldsymbol{Z})$。式（2.9）可以转换为（记为 RLKSC-1）

$$\begin{cases}\min\limits_{\boldsymbol{A},\boldsymbol{B},\boldsymbol{Z}} \|\boldsymbol{B}\|_{S_p}^{p} + \lambda_1 \|\boldsymbol{Z}\|_1 + \dfrac{\lambda_2}{2}\mathrm{Tr}[(\boldsymbol{I} - 2\boldsymbol{A} + \boldsymbol{A}\boldsymbol{A}^{\mathrm{T}})\boldsymbol{B}^{\mathrm{T}}\boldsymbol{B}] + \dfrac{\lambda_3}{2}\|\boldsymbol{K}_G - \boldsymbol{B}^{\mathrm{T}}\boldsymbol{B}\|_F^2 \\ \text{s. t. } \boldsymbol{A} = \boldsymbol{Z}\text{-diag}(\boldsymbol{Z}),\ \mathbf{1}^{\mathrm{T}}\boldsymbol{Z} = \mathbf{1}^{\mathrm{T}}\end{cases} \tag{2.10}$$

为了提升模型的稳健性，以便更好地处理数据中的噪声，将式（2.10）与相关熵融合。具体而言，用 $\sum_{i,j}\varphi(\boldsymbol{E}_{i,j})$ 来度量 $\boldsymbol{K}_G$ 与 $\boldsymbol{B}^{\mathrm{T}}\boldsymbol{B}$ 之间的相似性，进而得到以下优化目标问题（记为 RLKSC-2）：

$$\begin{cases}\min\limits_{\boldsymbol{A},\boldsymbol{B},\boldsymbol{Z},\boldsymbol{E}} \|\boldsymbol{B}\|_{S_p}^{p} + \lambda_1 \|\boldsymbol{Z}\|_1 + \dfrac{\lambda_2}{2}\mathrm{Tr}[(\boldsymbol{I} - 2\boldsymbol{A} + \boldsymbol{A}\boldsymbol{A}^{\mathrm{T}})\boldsymbol{B}^{\mathrm{T}}\boldsymbol{B}] + \dfrac{\lambda_3}{2}\lambda_3\sum_{i,j}\varphi(\boldsymbol{E}_{i,j}) \\ \text{s. t. } \boldsymbol{A} = \boldsymbol{Z}\text{-diag}(\boldsymbol{Z}),\ \mathbf{1}^{\mathrm{T}}\boldsymbol{Z} = \mathbf{1}^{\mathrm{T}},\ \boldsymbol{K}_G = \boldsymbol{B}^{\mathrm{T}}\boldsymbol{B} + \boldsymbol{E}\end{cases} \tag{2.11}$$

式中：$\boldsymbol{E}$ 用来对数据中存在的误差（噪声）建模；$\varphi(E_{ij})=1-\exp\left(-\frac{E_{ij}^2}{2\sigma^2}\right)$，$E_{i,j}$ 为矩阵 $\boldsymbol{E}$ 的第 i 行和第 j 列元素。

模型中使用高斯核函数，其大小定义为 σ。

2.3.2 模型的优化与求解

1. 优化 RLKSC-1

有关 ADMM 对于非凸问题的收敛性分析已经在 1.4.3 节给出。近年来，ADMM 在解决非凸问题[95]，特别是双线性问题[96]方面得到了广泛的应用。接下来，我们用 ADMM 求解式（2.10），其对应的增广拉格朗日函数为

$$\begin{aligned}&\mathcal{L}(\boldsymbol{A},\boldsymbol{B},\boldsymbol{Z},\boldsymbol{Y}_1,\boldsymbol{y}_2)\\&=\|\boldsymbol{B}\|_{S_p}^p+\lambda_1\|\boldsymbol{Z}\|_1+\frac{\lambda_2}{2}\mathrm{Tr}\left[(\boldsymbol{I}-2\boldsymbol{A}+\boldsymbol{A}\boldsymbol{A}^{\mathrm{T}})\boldsymbol{B}^{\mathrm{T}}\boldsymbol{B}\right]+\frac{\lambda_3}{2}\|\boldsymbol{K}_G-\boldsymbol{B}^{\mathrm{T}}\boldsymbol{B}\|_F^2\\&\quad+\mathrm{Tr}\left[\boldsymbol{Y}_1^{\mathrm{T}}(\boldsymbol{A}-\boldsymbol{Z}+\mathrm{diag}(\boldsymbol{Z}))\right]+\mathrm{Tr}\left[\boldsymbol{y}_2^{\mathrm{T}}(\boldsymbol{1}^{\mathrm{T}}\boldsymbol{C}-\boldsymbol{1}^{\mathrm{T}})\right]\\&\quad+\frac{\mu}{2}\left(\|\boldsymbol{A}-\boldsymbol{Z}+\mathrm{diag}(\boldsymbol{Z})\|_F^2+\|\boldsymbol{1}^{\mathrm{T}}\boldsymbol{Z}-\boldsymbol{1}^{\mathrm{T}}\|_2^2\right)\end{aligned}\tag{2.12}$$

式中：$Y_1\in\mathbb{R}^{N\times N}$ 和 $y_2\in\mathbb{R}^{1\times N}$ 为拉格朗日乘子；$\mu\geqslant 0$ 为惩罚系数。

最小化 $\mathcal{L}$ 可以得到式（2.12）的最优解。

1）更新 $\boldsymbol{A}$

可以通过求解以下子问题来更新 $\boldsymbol{A}$，即

$$\begin{aligned}&\min_{\boldsymbol{A}}\frac{\lambda_2}{2}\mathrm{Tr}\left((\boldsymbol{I}-2\boldsymbol{A}+\boldsymbol{A}\boldsymbol{A}^{\mathrm{T}})\boldsymbol{B}^{\mathrm{T}}\boldsymbol{B}\right)+\mathrm{Tr}\left(\boldsymbol{Y}_1^{\mathrm{T}}\boldsymbol{A}\right)+\mathrm{Tr}\left(\boldsymbol{y}_2^{\mathrm{T}}\boldsymbol{1}^{\mathrm{T}}\boldsymbol{Z}\right)+\\&\frac{\mu}{2}\left(\|\boldsymbol{A}-\boldsymbol{Z}+\mathrm{diag}(\boldsymbol{Z})\|_F^2+\|\boldsymbol{1}^{\mathrm{T}}\boldsymbol{Z}-\boldsymbol{1}^{\mathrm{T}}\|_2^2\right)\end{aligned}\tag{2.13}$$

我们用式（2.13）对 $\boldsymbol{A}$ 求偏导并设置为零，即 $\frac{\partial\mathcal{L}}{\partial A}=0$，可得到问题式（2.13）的闭式解

$$\boldsymbol{A}^*=(\lambda_2\boldsymbol{B}^{\mathrm{T}}\boldsymbol{B}+\mu(\boldsymbol{I}+\boldsymbol{1}\boldsymbol{1})^{\mathrm{T}}))^{-1}(\lambda_2\boldsymbol{B}^{\mathrm{T}}\boldsymbol{B}-\boldsymbol{Y}_1-\boldsymbol{1}\boldsymbol{y}_2+\mu(\boldsymbol{Z}-\mathrm{diag}(\boldsymbol{Z}))+\boldsymbol{1}\boldsymbol{1}^{\mathrm{T}})\tag{2.14}$$

式中：$\boldsymbol{I}$ 为单位矩阵。

2）更新 $\boldsymbol{B}$

可以通过求解以下子问题来更新 $\boldsymbol{B}$，即

$$\min_{\boldsymbol{B}}\|\boldsymbol{B}\|_{S_p}^p+\frac{\lambda_3}{2}\|\tilde{\boldsymbol{K}}_{G1}-\boldsymbol{B}^{\mathrm{T}}\boldsymbol{B}\|_F^2\tag{2.15}$$

式中：$\tilde{\boldsymbol{K}}_{G1}=\boldsymbol{K}_G-\frac{\lambda_2}{2\lambda_3}(\boldsymbol{I}-2\boldsymbol{A}^{\mathrm{T}}+\boldsymbol{A}\boldsymbol{A}^{\mathrm{T}})$。

然后，可以使用定理 2.1 来求解该问题：

$$\boldsymbol{B}^{k+1}=\boldsymbol{\Gamma}^*\boldsymbol{V}^{\mathrm{T}} \tag{2.16}$$

其中：$\boldsymbol{\Gamma}^*$ 和 $\boldsymbol{V}$ 都与$\tilde{\boldsymbol{K}}_{G1}$ 的 SVD 相关。

定理 2.1　令 $\boldsymbol{G}=\boldsymbol{U}\boldsymbol{\Sigma}\boldsymbol{V}^{\mathrm{T}}$ 且 $\boldsymbol{\Sigma}=\mathrm{diag}(\delta_1,\delta_2,\cdots,\delta_n)$，则问题

$$\min_{\boldsymbol{L}}\|\boldsymbol{L}\|_{S_p}^p+\frac{\rho}{2}\|\boldsymbol{G}-\boldsymbol{L}^{\mathrm{T}}\boldsymbol{L}\|_F^2 \tag{2.17}$$

的闭式解为

$$\boldsymbol{L}^*=\boldsymbol{\Gamma}^*\boldsymbol{V}^{\mathrm{T}} \tag{2.18}$$

式中：$\boldsymbol{\Gamma}^*$ 与 $\boldsymbol{G}$ 的 SVD 有关；$\boldsymbol{\Gamma}^*=\mathrm{diag}(\gamma_1^*,\gamma_2^*,\cdots,\gamma_n^*)$，$\gamma_i^*=\mathrm{argmin}_{\gamma_i}\frac{\rho}{2}(\delta_i-\gamma_i^2)^2+\gamma_i^p$ 且 $\gamma_i\in\{x\in\mathbb{R}_+\mid x^3-\delta_i x+\frac{p}{2\rho}x^{p-1}=0\}\cup\{0\}$，$\delta_i$ 是 $\boldsymbol{G}$ 的第 i 个奇异值。

3）更新 $\boldsymbol{Z}$

$\boldsymbol{Z}$ 可以通过解决以下子问题来更新，即

$$\min_{\boldsymbol{Z}}\frac{\lambda_1}{\mu}\|\boldsymbol{Z}\|_1+\frac{1}{2}\|\boldsymbol{Z}-\mathrm{diag}(\boldsymbol{Z})-(\boldsymbol{A}+\frac{\boldsymbol{Y}_1}{\mu})\|_F^2 \tag{2.19}$$

该子问题的闭式解为

$$\boldsymbol{Z}^{k+1}=\boldsymbol{Y}-\mathrm{diag}(\boldsymbol{Y}) \tag{2.20}$$

式中：$\boldsymbol{Y}=T_{\frac{\lambda_1}{\mu}}(\boldsymbol{A}+\frac{Y_1}{\mu})$，$T$ 为元素式的软阈值算子，$T_\tau(x)=\mathrm{sign}(x)\cdot\max(|x|-\tau,0)$。

2. 优化 RLKSC-2

本节提出了一种 HQ-ADMM 算法来解决问题式（2.11），其增广拉格朗日函数为

$$\begin{aligned}
&\mathcal{L}(\boldsymbol{A},\boldsymbol{B},\boldsymbol{Z},\boldsymbol{E},\boldsymbol{Y}_1,\boldsymbol{y}_2,\boldsymbol{Y}_3)\\
&=\|\boldsymbol{B}\|_{S_p}^p+\lambda_1\|\boldsymbol{Z}\|_1+\frac{\lambda_2}{2}\mathrm{Tr}((\boldsymbol{I}-2\boldsymbol{A}+\boldsymbol{A}\boldsymbol{A}^{\mathrm{T}})\boldsymbol{B}^{\mathrm{T}}\boldsymbol{B})+\lambda_3\boldsymbol{\Sigma}_{i,j}\varphi(E_{i,j})+\\
&\quad\mathrm{Tr}[\boldsymbol{Y}_1^{\mathrm{T}}(\boldsymbol{A}-\boldsymbol{Z}+\mathrm{diag}(\boldsymbol{Z}))]+\mathrm{Tr}[\boldsymbol{y}_2^{\mathrm{T}}(\boldsymbol{1}^{\mathrm{T}}\boldsymbol{Z}-\boldsymbol{1}^{\mathrm{T}})]+\mathrm{Tr}[\boldsymbol{Y}_3^{\mathrm{T}}(\boldsymbol{K}_G-\boldsymbol{B}^{\mathrm{T}}\boldsymbol{B}-\boldsymbol{E})]+\\
&\quad\frac{\mu}{2}(\|\boldsymbol{A}-\boldsymbol{Z}+\mathrm{diag}(\boldsymbol{Z})\|_F^2+\|\boldsymbol{1}^{\mathrm{T}}\boldsymbol{Z}-\boldsymbol{1}^{\mathrm{T}}\|_2^2+\|\boldsymbol{K}_G-\boldsymbol{B}^{\mathrm{T}}\boldsymbol{B}-\boldsymbol{E}\|_F^2)
\end{aligned} \tag{2.21}$$

式中：$\boldsymbol{Y}_1 \in \mathbb{R}^{N\times N}$，$\mathrm{y}_2 \in \mathbb{R}^{1\times N}$，$\boldsymbol{Y}_3 \in \mathbb{R}^{N\times N}$。

该问题的求解算法与式（2.12）的近似，具体过程如下。

1）更新 $\boldsymbol{A}$ 和 $\boldsymbol{Z}$

对比式（2.21）和式（2.12）可以发现，更新 $\boldsymbol{A}$ 和 $\boldsymbol{Z}$ 的子问题完全等同于式（2.13）与式（2.19）。相应的，它们的解也可以通过式（2.14）和式（2.20）获得。

2）更新 $\boldsymbol{B}$

子问题表示为

$$\min_{\boldsymbol{B}} \| \boldsymbol{B} \|_{S_p}^{p} + \frac{\mu}{2} \| \tilde{\boldsymbol{K}}_{G2} - \boldsymbol{B}^{\mathrm{T}}\boldsymbol{B} \|_F^2 \tag{2.22}$$

式中：$\tilde{\boldsymbol{K}}_{G2} = \boldsymbol{K}_G - \frac{1}{\mu}(\frac{\lambda_2}{2}(\boldsymbol{I} - 2\boldsymbol{A}^{\mathrm{T}} + \boldsymbol{A}\boldsymbol{A}^{\mathrm{T}}) - \boldsymbol{Y}_3) - \boldsymbol{E}$。

幸运的是，根据定理 1，该子问题也有一个闭式解，即

$$\boldsymbol{B}^{k+1} = \boldsymbol{\Gamma}^* + \boldsymbol{V}^{\mathrm{T}} \tag{2.23}$$

式中：$\boldsymbol{\Gamma}^*$ 和 $\boldsymbol{V}$ 都与 $\tilde{\boldsymbol{K}}_{G2}$ 的奇异值分解有关，求解算法类似于式（2.15）。

3）更新 $\boldsymbol{E}$

子问题表示为

$$\min_{\boldsymbol{E}} \frac{\lambda_3}{\mu} \sum_{i,j} \varphi(E_{i,j}) + \frac{1}{2} \left\| \boldsymbol{E} - (\boldsymbol{K}_G - \boldsymbol{B}^{\mathrm{T}}\boldsymbol{B} + \frac{\boldsymbol{Y}_3}{\mu}) \right\|_F^2 \tag{2.24}$$

该问题很难直接优化，受 HQ 技术[91] 的启发，我们给出详细的解决过程。假设 $E_{i,j}$ 是固定的，通过引入一个辅助变量 $W_{i,j}$，就可以得到表达式

$$\varphi(E_{i,j}) = \min_{W_{i,j} \in \mathbb{R}} \frac{1}{2} W_{i,j} E_{i,j}^2 + \psi(W_{i,j}) \tag{2.25}$$

式中：$\psi(\cdot)$ 是 $\varphi(\cdot)$ 的对偶势函数。

把式（2.25）代入式（2.24）可以得到

$$\min_{\boldsymbol{E},\boldsymbol{W}} \frac{1}{2} \left\| \boldsymbol{E} - (\boldsymbol{K}_G - \boldsymbol{B}^{\mathrm{T}}\boldsymbol{B} + \frac{\boldsymbol{Y}_3}{\mu}) \right\|_F^2 + \frac{\lambda_3}{2\mu} \| \boldsymbol{W}^{\frac{1}{2}} \otimes \boldsymbol{E} \|_F^2 + \boldsymbol{\Sigma}_{i,j} \psi(W_{i,j}) \tag{2.26}$$

式中：$\otimes$表示点积。

通过交替最小化可得到式（2.26）的结果$(\boldsymbol{E}^*, \boldsymbol{W}^*)$。假设第 k 次迭代结果为$(\boldsymbol{E}^k, \boldsymbol{W}^k)$，那么第 $k+1$ 的结果可以通过以下过程获得。

（1）当 $\boldsymbol{E}$ 固定时，W_{ij} 仅与 $\varphi(\cdot)$的最小化函数 $\xi(\cdot)$有关，即

$$W_{ij}^{k+1} = \xi(E_{ij}^k) \tag{2.27}$$

式中：$\xi(x)=\exp(-\frac{x^2}{2\sigma^2})$。

（2）当 $\boldsymbol{W}$ 固定时，式（2.26）可以简化为

$$\begin{aligned}\boldsymbol{E}^{k+1} &= \arg\min_{\boldsymbol{E}}\left\|\boldsymbol{E}-(\boldsymbol{K}_G-\boldsymbol{B}^{\mathrm{T}}\boldsymbol{B}+\frac{\boldsymbol{Y}_3}{\mu})\right\|_F^2+\frac{\lambda_3}{\mu}\|(\boldsymbol{W}^{k+1})^{\frac{1}{2}}\otimes\boldsymbol{E}\|_F^2 \\ &= (\boldsymbol{K}_G-\boldsymbol{B}^{\mathrm{T}}\boldsymbol{B}+\frac{\boldsymbol{Y}_3}{\mu})\cdot/(\frac{\lambda_3}{\mu}\boldsymbol{W}^{k+1}+\boldsymbol{1})\end{aligned} \tag{2.28}$$

式中：$\cdot/$表示元素对元素除。

2.3.3 RLKSC 的完整算法

基于上述分析，给定数据矩阵 $\boldsymbol{X}$，求解式（2.10）和式（2.11）的完整算法分别总结在算法 2.1 和算法 2.2 中。得到系数表示矩阵 $\boldsymbol{Z}^*$ 后，我们可以进而得到亲和度矩阵 $\boldsymbol{A}_f=\frac{1}{2}(|\boldsymbol{Z}^*|+|\boldsymbol{Z}^*|^{\mathrm{T}})$。然后，将 Ng 等[92] 设计的谱聚类算法应用于 $\boldsymbol{A}_f$ 得到最终的聚类结果。RLKSC 的完整过程总结在算法 2.3 中。

算法 2.1　通过 ADMM 求解 RLKSC-1

输入：数据矩阵 $\boldsymbol{X}\in\mathbb{R}^{D\times N}$；核矩阵 $\boldsymbol{K}_G$；权衡参数 λ_1、λ_2 和 λ_3。

初始化：$\boldsymbol{A}^0=\boldsymbol{0}$，$\boldsymbol{B}^0=\sqrt{\boldsymbol{K}_G}$，$\boldsymbol{Z}^0=\boldsymbol{0}$，$\boldsymbol{Y}_1^0=\boldsymbol{0}$，$\boldsymbol{y}_2^0=\boldsymbol{0}$，$\mu_0^0=10^{-8}$，$\mu_m=10^8$，$\eta=11$，$\varepsilon_1=10^{-6}$，$t=0$，maxIter = 50。

① **while** 不收敛且 $t<$maxIter **do**;

② 给定 $\boldsymbol{B}^t$，$\boldsymbol{Z}^t$，根据式（2.14）更新 $\boldsymbol{A}^{t+1}$；

③ 给定 $\boldsymbol{A}^{t+1}$，$\boldsymbol{Z}^t$，根据式（2.16）更新 $\boldsymbol{B}^{t+1}$；

④ 给定 $\boldsymbol{A}^{t+1}$，$\boldsymbol{B}^{t+1}$，根据式（2.20）更新 $\boldsymbol{Z}^{t+1}$；

⑤ 更新：$\boldsymbol{Y}_1:=\boldsymbol{Y}_1+\mu(\boldsymbol{A}-\boldsymbol{Z}+\mathrm{diag}(\boldsymbol{Z}))$，$\boldsymbol{y}_2:=\boldsymbol{y}_2+\mu(\boldsymbol{1}^{\mathrm{T}}\boldsymbol{Z}+\boldsymbol{1}^{\mathrm{T}})$，$\mu:=\min(\eta\mu,\ \mu_m)$；

⑥ 检查收敛条件：$\max(\|\boldsymbol{A}-\boldsymbol{Z}+\mathrm{diag}(\boldsymbol{Z})\|_\infty,\ \|1^{\mathrm{T}}\boldsymbol{Z}-\boldsymbol{1}^{\mathrm{T}}\|_\infty)\leqslant\varepsilon_1$；

⑦ **end while**。

输出：系数矩阵 $\boldsymbol{Z}^*$。

算法 2.2 通过 HQ-ADMM 求解 RLKSC-2

输入：数据矩阵 $\boldsymbol{X}\in\mathbb{R}^{D\times N}$；核矩阵 $\boldsymbol{K}_G$；权衡参数 λ_1、λ_2 和 λ_3。

初始化：$\boldsymbol{A}^0=\boldsymbol{0}, \boldsymbol{B}^0=\sqrt{\boldsymbol{K}_G}, \boldsymbol{Z}^0=\boldsymbol{0}, \boldsymbol{Y}_1^0=\boldsymbol{0}, \boldsymbol{y}_2^0=\boldsymbol{0}, \mu_0^0=10^{-8}, \mu_m=10^8, \eta=11, \varepsilon_1=10^{-6}, \varepsilon_2=10^{-2}, t=0$, maxIter = 50。

① **while** 不收敛且 $t<$maxIter **do**;

② 给定 $\boldsymbol{B}^t$，$\boldsymbol{Z}^t$，$\boldsymbol{E}^t$，根据式（2.14）更新 $\boldsymbol{A}^{t+1}$；

③ 给定 $\boldsymbol{A}^{t+1}$，$\boldsymbol{Z}^t$，$\boldsymbol{E}^t$，根据式（2.23）更新 $\boldsymbol{B}^{t+1}$；

④ 给定 $\boldsymbol{A}^{t+1}$，$\boldsymbol{B}^{t+1}$，$\boldsymbol{E}^t$，根据式（2.20）更新 $\boldsymbol{Z}^{t+1}$；

⑤ 给定 $\boldsymbol{A}^{t+1}$，$\boldsymbol{B}^{t+1}$，$\boldsymbol{Z}^{t+1}$，$\boldsymbol{E}^t$，根据式（2.27）和式（2.28）交替更新 $\boldsymbol{W}$ 和 $\boldsymbol{E}$ 直到 $\mu\|\boldsymbol{E}^k-\boldsymbol{E}^{k-1}\|_F/\|\boldsymbol{K}_G\|_F\leqslant\varepsilon_2$，进而得到 $\boldsymbol{E}^{t+1}$；

⑥ 更新：$\boldsymbol{Y}_1:=\boldsymbol{Y}_1+\mu(\boldsymbol{A}-\boldsymbol{Z}+\mathrm{diag}(\boldsymbol{Z})), \boldsymbol{y}_2:=\boldsymbol{y}_2+\mu(\boldsymbol{1}^{\mathrm{T}}Z+\boldsymbol{1}^{\mathrm{T}}), \boldsymbol{Y}_3:=\boldsymbol{Y}_3+\mu(\boldsymbol{K}_G-\boldsymbol{B}^{\mathrm{T}}\boldsymbol{B}-\boldsymbol{E}), \mu:=\min(\eta\mu,\mu_m)$；

⑦ 检查收敛条件：$\max(\|\boldsymbol{A}-\boldsymbol{Z}+\mathrm{diag}(\boldsymbol{Z})\|_\infty, \|\boldsymbol{1}^{\mathrm{T}}\boldsymbol{Z}-\boldsymbol{1}^{\mathrm{T}}\|_\infty, \|\boldsymbol{K}_G-\boldsymbol{B}^{\mathrm{T}}\boldsymbol{B}-\boldsymbol{E}\|_\infty)\leqslant\varepsilon_1$；

⑧ **end while**。

输出：系数矩阵 $\boldsymbol{Z}^*$。

算法 2.3 求解模型 RLKSC 的算法

输入：数据矩阵 $\boldsymbol{X}\in\mathbb{R}^{D\times N}$；子空间个数 k。

① 利用算法 2.1 或算法 2.2 获得系数矩阵 $\boldsymbol{Z}^*$；

② 求取相似度矩阵 $\boldsymbol{A}_f=\frac{1}{2}(|\boldsymbol{Z}^*|+|\boldsymbol{Z}^*|^{\mathrm{T}})$；

③ 对 $\boldsymbol{A}_f$ 应用谱聚类算法[92]。

输出：聚类结果。

2.4 收敛性及计算复杂度分析

2.4.1 收敛性分析

惩罚参数 μ 是有上界的，这由算法 2.1 中的步骤④或算法 2.2 中的步骤⑤

保证。根据 HQ 理论[91] 和相关熵[93] 的性质，式（2.26）中的代价函数在每个交替极小化步进处是有界且非递增的。因此，算法 2.2 中的序列（$\boldsymbol{W}^k$，$\boldsymbol{E}^k$）将收敛。另外，Hong 等[97] 对非凸问题的 ADMM 进行了收敛性分析。因此，收敛性结论可应用于 HQ-ADMM 方法，并保证了方法的收敛性。

2.4.2　计算复杂度分析

RLKSC 的计算复杂度主要取决于 RLKSC-1 或 RLKSC-2 的复杂度，其主要耗时操作是求方阵的逆和奇异值分解。具体而言，对于 $N\times N$ 方阵的逆运算复杂度为 $O(N^3)$，对于 $D\times N$ 矩阵的 SVD 运算复杂度为 $O(N^3)$。在算法 2.1 中，由于更新 $\boldsymbol{A}$ 需要进行矩阵的逆运算，所以它的复杂度为 $O(N^3)$；更新 $\boldsymbol{B}$ 需要进行 SVD 运算，所以它的复杂度也为 $O(N^3)$；因此 RLKSC-1 每次迭代的计算复杂度为 $O(2N^3)$。在算法 2.2 中，由于更新 $\boldsymbol{A}$ 和 $\boldsymbol{B}$ 的复杂度都为 $O(N^3)$；更新 $\boldsymbol{E}$ 涉及元素运算和内循环，其复杂度为 $O(k\times D\times N)$（k 为内循环次数）。因此，RLKSC-2 每次迭代的计算复杂度为 $O(2N^3+k\times D\times N)$。

2.5　实验结果与分析

本节介绍了 RLKSC 在 4 个数据集上的聚类性能，包括 2 个人脸数据集 Extended Yale B（YaleB）[98] 和 AR[99]；1 个物体数据集 COIL-20[100]；1 个运动数据集 Hopkins155[101]。我们使用其他对比方法来测试 RLKSC 的性能，例如，SSC①[88]、LRR②[33]、LRSC（Low Rank Subspace Clustering，低秩子空间聚类）③[102]、KSSC[37]、LrKSC④[39]、SCHQ（Subspace Clustering via Half-Quadratic minimization，通过半二次最小化的子空间聚类）[60]、SPM（Schatten p-norm Minimization，Schatten p-范数最小化）[103]、WSPQ[53] 和 CLF[61]。值得注意的是，KSSC 和 LrKSC 是 SSC 的核化版本，SPM 和 WSPQ 是采用 Schatten p-范数正则化的 LRR 模型，SCHQ 是一个基于相关熵的模型，CLF 是一个对大尺度噪声稳健的模型。所有实验在 Intel Core i5-3230MB CPU，4GB RAM 的笔记本电脑上使用 MATLAB 2015b 进行。

---

① https：//www.ccs.neu.edu/home/eelhami/codes.htm。

② https：//sites.google.com/site/guangcanliu/。

③ https：//www.vision.jhu.edu/code/。

④ https：//sites.google.com/site/peterji1990/resources/software。

2.5.1 实验设置

所有的实验都采用一个通用的评价指标——聚类误差来检验上述模型的性能，其定义为

$$\text{聚类误差}(\%) = \frac{N_{\text{error}}}{N_{\text{total}}} \times 100 \tag{2.29}$$

式中：N_{error} 为分配不正确的样本数目；N_{total} 为样本总数。

聚类误差越小表示聚类质量越好。

为了保证模型的可比性，对于 LRR、SSC、LRSC、KSSC、LrKSC、SPM、WSPQ 和 SCHQ，这里尽可能使用作者提供的源代码。对于 KSSC 和 LrKSC，我们使用与 RLKSC 相同的 ADMM 框架以及多项式核：$K_G = (\boldsymbol{x}_1^{\mathrm{T}}\boldsymbol{x}_2+a)^b$，其中 $b=2,3$，a 从 1 到 12 以 0.5 间隔取值。参数 p 从 0.1 到 1 以 0.05 间隔取值；$\lambda_i(i=1,2,3)$ 取自于集合 $\{10^{-3},10^{-2},10^{-1},10^{0},10^{1},10^{2},10^{3},10^{4},10^{5}\}$。

2.5.2 在 YaleB 数据集上的人脸聚类

作为人脸聚类问题的基准，本节使用 YaleB 人脸数据库来评价模型的性能。该数据集包含了来自 38 名受试者的 2432 张正面人脸图像，每个受试者有 64 张图像。这些图片是在不同的光线环境下拍摄的，并裁剪成（192×168）像素大小。为了提高所有方法的计算性能，我们将这些图像的大小调整为（48×42）像素，并将它们向量化，形成 2016 维向量作为一个样本。该数据集适用于检测我们的方法在处理严重破坏时的性能，因为大多数图像都受到阴影和噪声的破坏。图 2.3（a）显示了来自 YaleB 数据集的一些示例图像。下面将从三个方面对方法的性能进行分析。我们使用式（2.11）进行优化，用算法 2.2 求解。

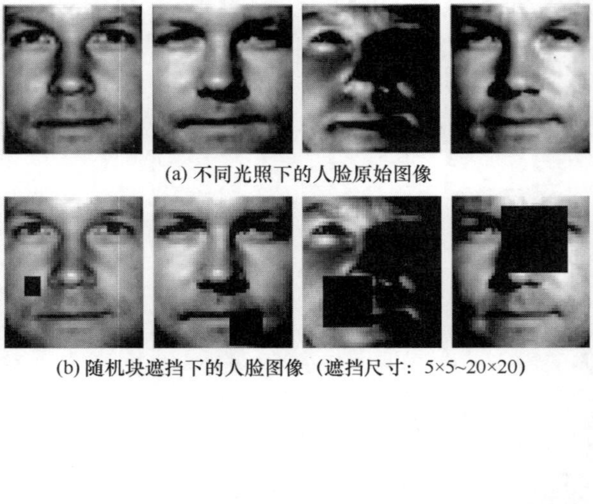

(a) 不同光照下的人脸原始图像

(b) 随机块遮挡下的人脸图像（遮挡尺寸：5×5~20×20）

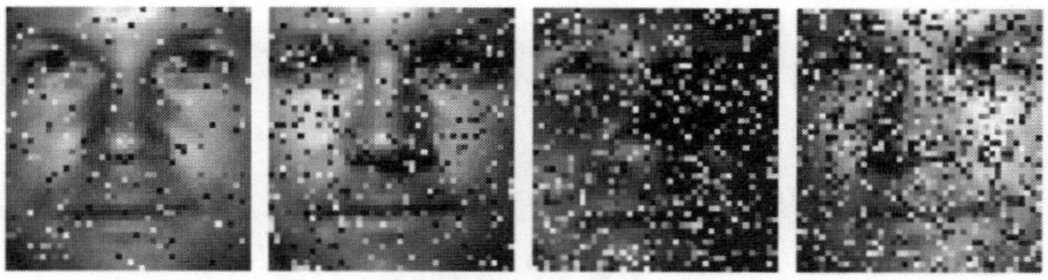

(c) 随机像素损坏下的人脸图像（损坏比例：10%~40%）

图 2.3　YaleB 数据集样本及受损图像示例

1. 在不同光照下进行实验

在本次实验中，我们从这个数据集的 38 个目标中随机选择不同数量的聚类簇数（$K=10,15,20,25,30,35$）。为了保证实验结果的可靠性，我们对每个聚类簇数 K 进行了 20 次实验，最后的实验结果是 20 个聚类误差的平均值。

不同方法的聚类结果见表 2.1。可以看到，LrKSC、SCHQ 和 CLF 优于除本章方法之外的其他方法，这是因为 LrKSC 可以通过学习低秩核映射来处理数据中的非线性结构，而 SCHQ 和 CLF 可以分别通过相关熵以及柯西函数来处理数据中的噪声（由不同光照引起的）。本章的方法显著优于所有的对比方法。由于 SPM 和 WSPQ 的聚类误差低于其他两种低秩方法，可以看出 Schatten p-范数比核范数更适合近似秩。

表 2.1　所有方法在 YaleB 数据集上的聚类误差　　　单位：%

聚类簇数	方法									
	LRSC	LRR	SSC	KSSC	LrKSC	SPM	WSPQ	SCHQ	CLF	本章
10	31.95	23.22	11.23	14.50	8.74	11.74	9.84	7.42	9.42	6.98
15	32.47	24.72	14.10	16.24	11.45	14.12	13.27	10.67	12.35	8.31
20	29.76	31.73	20.45	16.53	12.57	16.71	14.79	12.02	12.44	10.93
25	28.81	29.12	27.32	18.54	13.47	17.15	16.65	12.68	13.58	11.52
30	31.64	38.98	29.86	20.47	15.22	19.81	18.53	13.51	16.07	12.25
35	32.36	41.85	29.97	26.27	15.29	25.72	21.09	14.39	16.89	13.84
平均	31.17	31.60	22.16	18.76	12.79	17.54	15.70	11.78	13.46	10.64

2. 随机遮挡快和像素破坏下进行实验

在这个实验中，我们在 YaleB 数据集上随机选择 10 个聚类簇，并在两种噪声类型下评估每个模型的性能。第一种类型是随机块遮挡，我们对测试图像添加不同大小的块（5×5～20×20），遮挡块的位置是随机的。第二种类型是随机像素点破坏，我们在每张图像中随机选择一些像素，用均匀分布的值（［0,

255］）替换像素，每张面孔图像的破坏百分比为 10%~40%。一些损坏的图像如图 2.3（b）和图 2.3（c）所示。为了保证实验结果的可靠性，我们对每种类型的实验重复 20 次。

表 2.2 和表 2.3 展示出了我们的方法与对比算法在两种类型数据损坏时的平均聚类结果。结果表明，所有方法的准确率都随着图像遮挡的大小和破坏率的增大而降低，但在所有情况下，本章的方法都优于对比方法。与其他方法相比，本章的方法在样本受损规模增加时稍微稳定一些，这是因为相关熵可以提高我们的模型的稳健性。根据表 2.3 中 SSC 和 KSSC 的性能，我们还观察到稀疏模型对像素损坏很敏感。

表 2.2　所有方法在 YaleB 数据集上随机块遮挡下的聚类误差　单位：%

遮挡块大小	方法									
	LRSC	LRR	SSC	KSSC	LrKSC	SPM	WSPQ	SC	CLF	本章
5 × 5	19.43	25.76	25.76	16.79	9.49	12.16	12.16	8.63	8.63	7.18
10 × 10	21.29	27.34	21.65	18.56	10.96	13.64	11.25	9.29	9.04	7.81
15 × 15	22.97	29.51	23.36	19.27	12.37	15.29	12.73	11.34	11.13	8.44
20× 20	26.22	34.07	27.94	23.83	14.84	16.33	13.48	12.16	11.95	10.38
平均	22.48	29.17	22.80	19.61	11.92	14.36	11.95	10.36	10.24	8.45

表 2.3　所有方法在 YaleB 数据集上随机像素点损坏下的聚类误差　单位：%

破坏率/%	方法									
	LRSC	LRR	SSC	KSSC	LrKSC	SPM	WSPQ	SCHQ	CLF	本章
10	16.82	21.49	33.04	19.83	10.16	12.37	10.41	9.38	9.57	7.72
20	18.74	24.67	39.59	23.58	11.62	13.82	11.87	10.98	11.36	9.44
30	18.79	30.81	43.93	26.24	12.84	14.71	12.52	12.16	12.15	10.91
40	21.12	31.52	48.86	29.76	14.85	14.54	13.48	13.39	12.98	11.62
平均	18.87	27.12	41.36	24.85	12.37	13.91	12.07	11.48	11.52	9.92

2.5.3　在 AR 数据集上的人脸聚类

在现实环境中，由于人们可能会戴上墨镜或围巾，人脸聚集变得更加困难。本小节在 AR 数据集上评估本章的方法的稳健性，其中包括 126 名受试者（70 名男性和 56 名女性）的 4000 多张面部图像。这些图像有不同的面部变化，包括各种面部表情、光照变化、太阳镜或围巾的遮挡。每名受试者的 26 张面部图像分两个阶段拍摄。在每一阶段中，有 6 张戴墨镜/围巾的面部图像和 7 张面部表情变化的面部图像。图 2.4 所示为 AR 数据集上的一些样本图像。在这个实验中，我们从数据库中选取了由前 20 名男性受试者组成的子集（共 520 张图像），并将每张图像的大小调整为 36×30 像素。

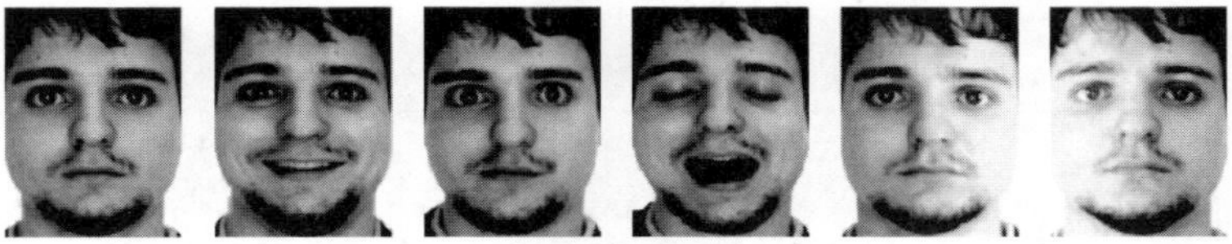

(a) 无遮挡人脸图像

(b) 真实遮挡人脸图像

图 2.4　AR 数据集的样本图像

我们在两个子集（无遮挡和有遮挡）上评估每个模型的性能。第一个子集包含 14 张人脸图像，每个受试者的面部变化不同（没有遮挡）；第二个子集包括每个受试者的全部 26 张面孔图像。我们从子集中的 20 个对象中随机选择不同的聚类簇数（$K=2,3,5,8,10$）来测试方法的性能，这类似于对 YaleB 数据集的实验。为了保证实验结果的可靠性，我们对每个簇数 K 重复 20 次实验。最后的实验结果是 20 个聚类误差的平均值。这里使用式（2.11）进行优化，用算法 2.2 求解。

如表 2.4 和表 2.5 所列，类似于表 2.1，对于每个受试者，所有方法的准确性都会随着聚类簇数的增加而下降，但本章提出的方法在所有情况下都优于比较方法。其中，LrKSC、KSSC 和 SSC 的性能优于表 2.4 中 3 种低秩方法：LRSC、LRR 和 SPM。这可能是由于每个受试者在 AR 数据库中的表情变化较多，导致传统的低秩模型无法准确地逼近秩。WSPQ 之所以能获得比其他低秩模型更好的结果，是因为使用了 p-范数来处理数据中的噪声及其优越的秩近似。

所有遮挡方法的聚类误差见表 2.5。相比于表 2.4，当聚类数目相同时，聚类错误明显增加。这是因为该子集包含了 12 张遮挡的人脸图像，这些图像使得该子集在子空间聚类时更加困难。由于相关熵和柯西函数是对大尺度噪声的一种稳健性度量，所以对比方法中 SCHQ 和 CLF 的效果较好。本章的模型 RLKSC 融合了相关熵以及低秩核技术，因此该方法具有良好的性能。

表 2.4　所有方法在 AR 数据集上无遮挡情况下的聚类误差　　单位%

聚类簇数	方法									
	LRSC	LRR	SSC	KSSC	LrKSC	SPM	WSPQ	SCHQ	CLF	本章
2	5.06	3.17	2.78	2.97	1.74	3.13	2.14	1.63	1.89	1.14
3	7.49	4.51	3.89	4.15	2.63	4.24	3.60	2.02	2.23	1.95
5	18.57	9.74	8.57	8.98	4.56	9.45	6.93	4.69	4.98	3.18
8	40.18	16.07	13.61	10.74	10.82	17.34	11.24	6.89	10.51	7.04
10	40.71	22.86	19.57	17.48	14.49	21.87	15.64	13.15	14.98	10.39
平均	22.40	11.27	9.68	8.86	6.85	11.21	7.91	5.68	6.92	4.74

表 2.5　所有方法在 AR 数据集上有真实遮挡情况下的聚类误差　单位:%

聚类簇数	方法									
	LRSC	LRR	SSC	KSSC	LrKSC	SPM	WSPQ	SCHQ	CLF	本章
2	14.43	13.02	10.48	8.52	7.94	9.89	8.18	7.92	7.88	6.34
3	20.37	19.83	17.16	15.74	10.14	12.05	11.26	9.83	10.11	8.26
5	34.32	31.76	26.79	19.68	14.43	18.31	16.96	12.21	13.56	10.03
8	52.85	41.24	39.65	30.59	21.65	32.84	25.40	19.36	20.07	16.84
10	54.61	45.08	43.29	36.68	25.57	37.37	28.97	24.72	24.83	20.66
平均	35.32	30.19	27.47	22.24	15.92	22.09	18.15	14.81	15.29	12.43

2.5.4　在 COIL-20 数据集上的物体聚类

COIL-20 数据集[100] 由 1440 个灰度图像样本组成，包含汽车模型等 20 多个对象。每个物体有 72 幅不同视角的图像（以 5°的姿势角度间隔拍摄），背景为黑色，如图 2.5 所示的典型的样本图像。COIL-20 数据集的物体图像是不同的，甚至同一个物体的样本也会因为观察角度的变化而产生差异，这使得数据集对子空间聚类技术具有挑战性。在这个实验中，我们将图像的大小调整为 (32×32) 像素。

我们在整个数据集中随机选取 K 个目标的样本（$K=2,4,\cdots,18$）开展实验。每个 K 的聚类结果是 20 个测试的平均值。在本实验中，我们使用式（2.11）（使用算法 2.2 求解）作为我们的方法。

RLKSC 和对比方法的平均聚类性能见表 2.6。由表可以看出，KSSC 和 LrKSC 的性能一致优于 SSC，说明该数据集具有较强的非线性。SPM 和 WSPQ 的性能表明，Schatten p-范数可以有效地近似该数据集中的秩。本章的方法通过使用 Schatten p-范数来近似秩，并学习低秩核映射，获得了最小的聚类误差。

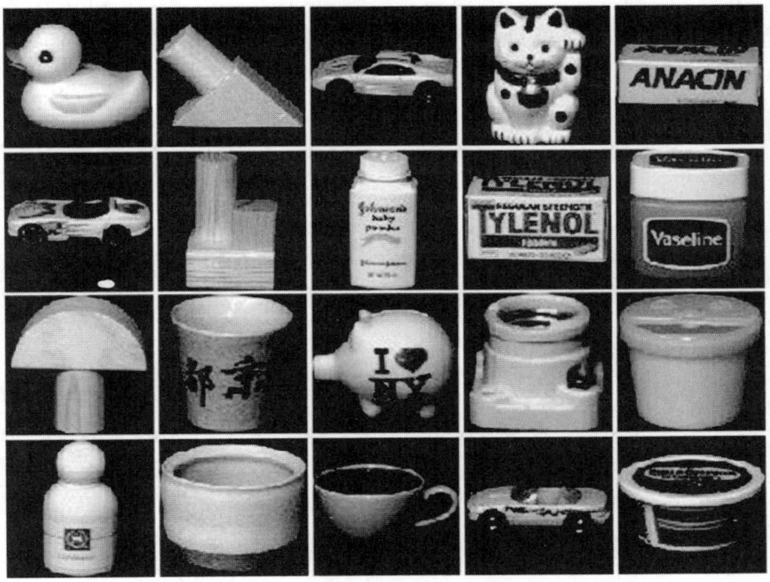

图 2.5　COIL-20 数据集的典型示例

表 2.6　所有方法在 COIL-20 数据集上的聚类误差　　单位:%

聚类簇数	方法									
	LRSC	LRR	SSC	KSSC	LrKSC	SPM	WSPQ	SCHQ	CLF	本章
2	11.68	9.73	3.92	2.46	1.25	2.17	1.52	1.54	5.58	0.81
4	15.32	11.18	6.49	3.87	2.47	3.25	2.73	3.23	3.97	1.26
6	25.51	15.89	10.42	8.34	6.84	7.61	5.46	7.81	7.36	4.19
8	26.32	23.64	20.79	12.05	9.28	10.46	8.07	11.66	11.88	6.15
10	28.79	25.16	22.93	14.87	11.81	11.35	11.43	12.59	13.65	9.57
12	31.18	29.74	24.88	16.49	12.72	13.79	13.10	15.11	16.58	10.41
14	34.83	33.51	30.79	16.68	13.37	16.07	14.74	15.72	17.29	12.04
16	33.64	33.42	31.15	19.54	14.56	17.32	14.63	16.86	19.31	12.27
18	36.53	35.10	32.84	20.93	15.49	17.46	16.69	18.98	21.34	13.87
平均	27.09	24.15	20.47	12.80	9.75	11.05	9.82	11.50	13.00	7.84

2.5.5 在 Hopkins155 数据集上的运动分割

Hopkins155 数据集[101] 由 120 个两个动作和 35 个三个动作视频序列组成①。运动视频序列由交通序列、棋盘序列和铰接/非刚性序列组成，每个运动都对应于一个子空间。因此，运动分割问题简化为子空间聚类问题。提取特征的两个示例帧如图 2.6 所示。由于该数据集中的异常值已经被手动移除，所以我们在本次实验中使用的方法是式（2.10)(使用算法 2.1 求解)。

(a) 两个动作

(b) 三个动作

图 2.6 从 Hopkins155 数据集中提取特征的两个示例帧

所有方法的聚类结果见表 2.7 中。由表可以看出，所有方法的效果都很好，因为这个数据集中的大部分序列都很适合一个仿射相机模型。SPM 的准确性略优于 SSC，SSC 略优于 KSSC。除本章的方法外，LrKSC 的性能优于其他方法。这是因为本章的方法和 LrKSC 可以学习低秩核映射，能够有效地处理由仿射相机引起的非线性子空间问题。此外，在本章的模型中，通过 Schatten p-范数有效地估计了秩，这就是本章的方法的准确性优于其他比较方法的原因。

表 2.7 所有方法在 Hopkins155 数据集上的平均聚类误差 和平均计算时间

方法	平均聚类误差 /%				平均计算时间/s
	平均值	中位数	标准差	最大值	
本章	1.35	0.00	3.42	34.12	1.55
CLF	1.53	0.00	4.27	40.62	1.76

① 实际上，该数据集中有 156 个视频序列，其中一个序列包含了 5 个动作。但是，通常根据其他方法的实验设置排除该序列。

续表

方法	平均聚类误差/%				平均计算时间/s
	平均值	中位数	标准差	最大值	
SCHQ	1.47	0.00	3.81	38.75	1.93
WSPQ	1.38	0.00	4.12	35.30	2.12
SPM	1.96	0.00	4.76	36.41	1.57
LrKSC	1.37	0.00	5.11	39.28	1.92
KSSC	2.25	0.00	6.94	41.34	2.04
SSC	2.21	0.00	7.34	47.23	1.02
LRR	2.49	0.00	8.26	41.37	1.29
LRSC	3.87	0.43	8.92	40.62	0.65

为了进一步验证本章方法的性能，我们测试了所有方法在 Hopkins155 数据集上的计算时间。在测试时，所有方法的收敛条件相同，测试结果如表 2.7 所列。由表可以看出，与聚类精度接近 RLKSC 的几种方法 LrKSC、WSPQ、SCHQ 及 CLF 等相比，我们方法的计算代价最低。另外，SSC、LRR、LRSC 等方法的计算代价都优于我们的方法，但聚类精度较差。在计算量和聚类精度方面，KSSC 的性能比本章的方法差。

2.5.6 参数选择与收敛性验证

接下来本小节在 YaleB 数据集上分析参数 p 和 $\lambda_{i\in\{1,2,3\}}$ 的有效性（以 10 名受试者为例）。2.2.1 节分析了 Schatten p-范数的特点，当 p 降低时，它会更接近真实的秩。似乎更小的 p 可以获得更好的性能。但是，由于输入数据中含有各种噪声，低秩结构可能会被破坏。因此，使用较小的 p 值进行严格秩近似没有实际意义。此外，CPU 时间将随着 p 的减少而增加。因此，我们必须根据不同的输入数据选择一个合适的 p 值。

我们测试了 p 从 0.1 到 1.0 的效果，实验结果如图 2.7 所示，当 $p=0.75$ 时获得最佳性能。此外，参数 λ_i 共同平衡低秩约束、稳健度量、稀疏表示的影响。因此，我们通过同步改变 λ_i 来选择参数，实验结果如图 2.8 所示。由图可以看到，当 $\lambda_1\in[1.5\times10^3, 2\times10^3]$、$\lambda_2\in[3\times10^{-2}, 5\times10^{-2}]$ 且 $\lambda_3=0.7\times10^5$ 时，我们的方法可以达到预期的效果。

从上面的分析可以看出，所提出的模型参数较多，使得参数调整更加困难。如相关文献［104］中所示，如果能设计一种自适应参数选择方法，对本章模型的参考更有帮助。

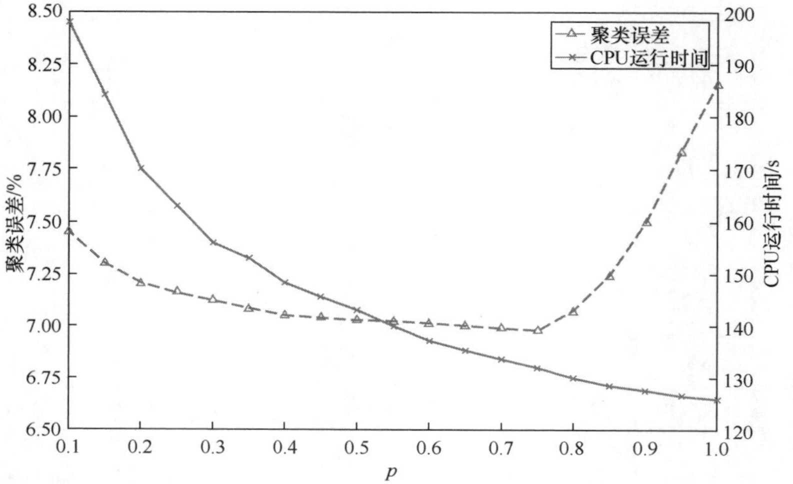

图 2.7　不同参数 p 的聚类性能

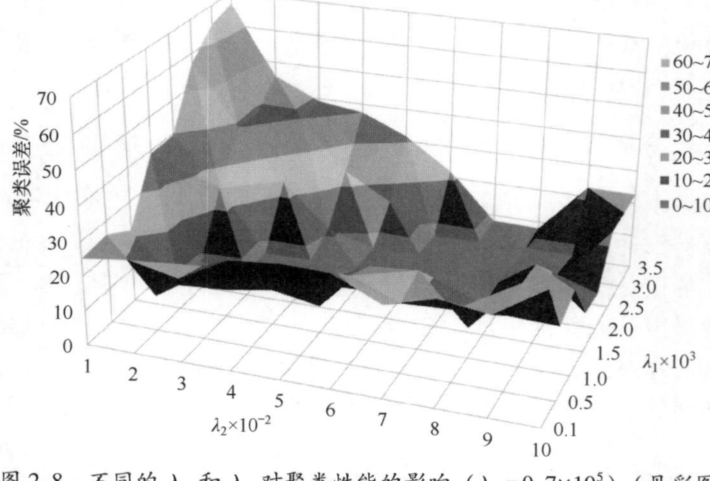

图 2.8　不同的 λ_1 和 λ_2 对聚类性能的影响（$\lambda_1=0.7\times10^5$）（见彩图）

进一步，我们测试了方法的收敛性。惩罚参数 μ 是有上界的，这由算法 2.1 中的第 4 步或算法 2.2 中的第 5 步得以保证。在式（2.26）中的代价函数是有界的，并且在每一个交替最小化步骤中不增加[93]。因此，算法 2.2 中的序列（$\boldsymbol{W}^k,\boldsymbol{E}^k$）将会收敛。此外，ADMM 对于非凸问题的收敛性分析在相关文献［97］中已经给出。所以，所得到的收敛结论可以应用到 HQ-ADMM

方法中，保证了方法的收敛性。具体而言，我们在每次迭代中计算式（2. 11）的原始残差。图 2. 9 表示典型的收敛曲线。由图可以看到，我们的方法 RLK-SC 在 15 次迭代内达到收敛。

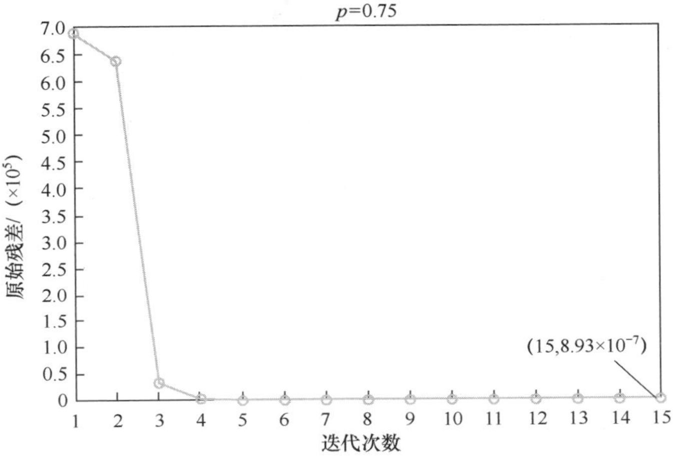

图 2. 9　原残差的收敛曲线（$p=0.75$）

2. 6　小　结

本章提出了一种有效子空间聚类方法，称为稳健低秩核子空间聚类（RLKSC），该方法巧妙地结合了 Schatten p-范数、内核策略和相关熵。RLKSC 在保持特征映射低秩的前提下，将线性子空间聚类扩展到相应的非线性情景。在本工作中，我们利用非凸正则化器来逼近数据的秩，这是一个复杂的直接求解问题。此外，将相关熵引入损失函数，可以提高模型的稳健性。同时，设计了交替最小化方法（HQ-ADMM）对该问题进行优化。此外，还验证了参数的性能和模型的收敛性。我们在 4 个数据集上的实验结果表明，RLKSC 具有令人满意的性能提升，超过现有的一些最先进的方法。

作为一种非线性的子空间聚类方法，仍有几个问题值得进一步研究：

（1）我们计划优化我们的模型，以同时捕获数据的全局和局部结构。

（2）实验中使用的数据集不是很大，大规模高维数据的子空间聚类已经成为一个重要而具有挑战性的问题[105]。随着数据量的增加，方法的计算时间也相应增加。对于本章所提出的模型，$\boldsymbol{B}$ 的更新占用了总时间的 1/2 以上，严重影响了收敛速度。因此，除非设计更先进的 $\boldsymbol{B}$ 更新方法，否则很难将此方法应用于大规模数据。当然，如果能够获得更高配置的硬件支持，我们的模型应该能够尝试处理大规模数据。总之，随着数据规模的不断扩大，如何在保证聚类效果的前提下提高大规模数据的处理速度值得研究。

（3）由于多视图数据很多领域都很常见，如何将 RLKSC 应用于多视图子空间聚类也是未来研究的重要内容。

第3章 融合协同表示与低秩核的稳健多视图子空间聚类

在第 2 章中，基于低秩核和相关熵提出了 RLKSC 算法。该算法能够有效适应数据的非线性并能够很好地抑制数据中的非高斯噪声。现实中的目标由于采集方式的不同，产生了信息更为丰富的多视图数据。如图 1.1 所示，多视图数据在很多领域都很常见。基于此，通过学习各视图的联合子空间表示，本章提出了两种基于低秩核的多视图子空间聚类算法。

3.1 引　言

在实际应用中，可视化数据多为多视图的形式[106]。例如，颜色直方图或形状特征可用于描述图像。在同一个学习任务中，多视图数据比单视图数据表现更好，因为不同的视图可以提供互补信息[107]。为了研究多视图数据中涉及的互补信息，学术界提出了许多多视图聚类算法[108]。通过忽略每个视图的局部结构，早期的一些方法简单地拼接多视图数据中的所有特征并执行子空间聚类。这些方法不能显著提高多视点数据的子空间聚类性能。Kumar 等[75] 提出了一种用于多视图子空间聚类的协同正则化（Co-Reg）框架。Cao 等[78] 重点研究了如何通过探索多视图特征之间的互补信息来增强多视图聚类，并针对这一问题提出了一种多视图聚类框架。

许多研究者的主要目标是同时学习一致的聚类结构和每个视图的子空间表示[79]。此外，还有一些方法将单视图子空间聚类算法扩展到多视图场景，在每个视图上构造亲和度矩阵[80]。然而，现实中的数据无论是在获取时还是在后期处理时总会被各种噪声污染。在将单视图算法扩展到多视图数据处理的过程中，可能会导致噪声在关联矩阵中传播，从而降低聚类性能。针对多视图数据，Xia 等[77] 提出了一种基于低秩稀疏分解的稳健多视图谱聚类（RMSC）算法，将视图特定样本建模为所有视图的一致潜在完整样本的非线性映射，并基于一致潜在相似矩阵估计视图特定相似矩阵。Zhang 等[109] 将视图特定样本建模为所有视图一致的潜在完整样本的非线性映射，并根据一致潜在样本估计视图特定的差异矩阵或相似矩阵，最后提出了两种多视图聚类算法。在协同正则化框架的驱动下，Brbić 等[83] 提出了一种多视图低秩稀疏子空间聚类（MLRSSC）框架，该框架通过构建多视角数据共享关联矩阵来完成聚类任务。Abavisani 等[84] 通过扩展经典的 SSC 和 LRR 算法，提出了多模态子空间聚类，加强了模态间的共同表示。Yu 等[110] 提出了一种基于低秩矩阵的主动三向聚类算法，在聚类高维多视图数据时可以提高聚类精度。Xia 等[111] 为了挖掘数据的全局和局部结构信息，提出一种基于低秩稀疏约束的自权重子空间聚类算法。

上述这些方法的关注焦点都在多视图数据的关联表示矩阵的获取上，这样确实可以有效提升多视图聚类性能。然而，每个视图数据的非线性结构和数据中的噪声也是值得关注的。部分研究者关注到了这个问题并分别提出了相应的对策[112]。遗憾的是，尚未有学者能够同时兼顾这些方面。因此，如何在保持高效获取多视图数据关联表示的同时，兼顾数据的非线性及模型的稳健性是一个重要的研究课题。

受 MLRSSC 算法的启发，借助第 2 章提出的模型 RLKSC，本章提出了一种稳健低秩核多视图子空间聚类（RLKMSC），该算法将非凸的 Schatten p-范数（$0 < p \leqslant 1$）正则化器与“内核策略”相结合，能有效地处理多视图数据的非线性问题。模型引入了相关熵，它是对非高斯噪声引起的腐蚀的一种稳健度量。同时，我们设计了两种正则化方案来构造所有视图共享的亲和度矩阵：①成对的视图优化；②面向一个共同质心的优化。此外，本章还分析了算法的计算复杂度和收敛性问题。最后，不同数据集上的实验结果验证了本章所提算法的有效性。

本章内容如下：3.2 节简要介绍本章使用的主要符号及相关工作；3.3 节详细介绍稳健低秩核多视图子空间聚类模型及求解策略；3.4 节给出本章算法的收敛性及计算复杂度分析；3.5 节在多个数据集上进行验证实验，并对实验结果进行分析；3.6 节对本章内容进行小结和讨论。

3.2　主要符号与相关工作

本节首先列出本章使用的主要符号，然后简要介绍非凸低秩核策略。

3.2.1　主要符号

为了方便起见，我们在表 3.1 中列出了本章内容使用的重要数学符号，其中矩阵用大写粗体字表示，向量用小写粗体字表示。

3.2.2　非凸低秩核策略

核函数方法可以将数据点映射到高维特征空间中，然后，将原始数据空间中的非线性分析转化为特征空间中的线性分析[35]。“内核策略”是核方法的一种常用方法，其中特征映射是隐式的，特征空间中数据点对之间的内积被计算为核值。图 1.7 举例说明了子空间结构保持的三维特征映射。对于常用的核，如高斯 RBF，虽然“内核策略”在计算上相对“便宜”，但我们不能准确地确定数据点是如何映射到特征空间的。因此，在子空间聚类的情况下，隐式特征映射后的特征空间很可能没有期望的低维线性子空间结构。

为了将数据映射到具有线性子空间结构的高维希尔伯特空间，特征映射（记为 $\boldsymbol{\phi}(\boldsymbol{X})$ ）应该是低秩的，我们对特征映射使用非凸约束并希望它是自我表达的。综合考虑这些特性，并在 SSC[88] 框架内实现，可以得到如下优化问题，即

$$\begin{cases}\min\limits_{\boldsymbol{K},\boldsymbol{Z}} \|\boldsymbol{\phi}(\boldsymbol{X})\|_{S_p}^{p} + \lambda\|\boldsymbol{Z}\|_1 \\ \text{s. t. } \boldsymbol{\phi}(\boldsymbol{X}) = \boldsymbol{\phi}(\boldsymbol{X})\boldsymbol{Z},\ \boldsymbol{Z}_{ii} = 0\end{cases} \tag{3.1}$$

式中：$\boldsymbol{\phi}(\boldsymbol{X})^{\mathrm{T}}\boldsymbol{\phi}(\boldsymbol{X}) = \boldsymbol{K}$ 为未知的核格拉姆矩阵（Gram Matrix）；λ 为平衡参数。

表 3.1　本章使用的主要符号及其定义

符号	定义
$\boldsymbol{I}$	单位矩阵
$\mathbf{1}$	全 1 列向量
N	样本的个数
v	第 v 个视图
n_v	视图的个数

续表

符号	定义
$D^{(v)}$	在视图 v 中样本的维度
$\boldsymbol{X}^{(v)}\in\mathbb{R}^{D^{(v)}\times N}$	视图 v 的数据矩阵
$\boldsymbol{Z}^{(v)}\in\mathbb{R}^{N\times N}$	视图 v 的系数表示矩阵
$\boldsymbol{Z}^{*}\in\mathbb{R}^{N\times N}$	质心表示矩阵
$\boldsymbol{A}_f\in\mathbb{R}^{N\times N}$	亲和度矩阵
$\boldsymbol{\phi}\ (\boldsymbol{X}^{(v)})$	视图 v 中的数据矩阵的特征映射
$\boldsymbol{K}^{(v)}\in\mathbb{R}^{N\times N}$	视图 v 中未知的核格拉姆矩阵
$\boldsymbol{K}_G^{(v)}\in\mathbb{R}^{N\times N}$	视图 v 中指定的正定核矩阵
$\Vert\cdot\Vert_q$	任意的矩阵范数
$\mathrm{Tr}(\cdot)$	矩阵的迹算子
$\mathbf{diag}(\cdot)$	矩阵的对角元素的向量

3.3 RLKMSC 模型与求解策略

在本节中，考虑到数据点的非线性结构和非高斯噪声，借助第 2 章提出的 RLKSC 模型，我们提出了稳健的低秩核多视图子空间聚类（RLKMSC）框架，并用两种正则化方法实现。对于一个包含 n_v 个视图的数据 $\boldsymbol{X}=\{\boldsymbol{X}^{(v)}\}_{v=1}^{n_v}$，其中 $\boldsymbol{X}^{(v)}=[\boldsymbol{x}_1^{(v)},\boldsymbol{x}_2^{(v)},\cdots,\boldsymbol{x}_N^{(v)}]\in\mathbb{R}^{D^{(v)}\times N}$，我们的目标是通过学习一个联合表示矩阵 $\boldsymbol{Z}$ 来构建在所有视图之间共享的亲和度矩阵，同时确保（隐式）映射到特征空间的数据是低秩的。

设计一个联合目标函数，对所有视图的表示矩阵 $\{\boldsymbol{Z}^{(v)}\}_{v=1}^{n_v}$ 进行约束和正则化，以达成视图间的共识。受相关工作[62,83,103]的启发，在 RLKMSC 框架中提出了两种正则化方法：①基于质心的 RLKMSC（Centroid-based RLKMSC），即 $\sum_{v=1}^{n_v}\Vert\boldsymbol{Z}^{(v)}-\boldsymbol{Z}^{*}\Vert_F^2$；②基于成对近似的 RLKMSC（Pairwise RLKMSC），即 $\sum_{1\leqslant v,w\leqslant n_v,v\neq w}\beta^{(v)}\Vert\boldsymbol{Z}^{(v)}-\boldsymbol{Z}^{(w)}\Vert_F^2$。前者强制 $\boldsymbol{Z}^{(v)}$ 指向一个公共质心 $\boldsymbol{Z}^{*}$，后者鼓励 $\boldsymbol{Z}^{(v)}$ 和 $\boldsymbol{Z}^{(w)}$ 之间的相似性（$v\neq w$）。RLKMSC 的框架如图 3.1 所示。首先，对于如ⓐ左面部分所示的多视图数据，我们的算法独立地学习每个视图的系数矩阵 $\boldsymbol{Z}^{(m)}$，如ⓑ中间部分所示。其次，如ⓒ右面部分所示，利用上述两种正则化方法得到的全局系数矩阵 $\boldsymbol{Z}^{*}$，这样可以从所有单个视图中探索全局一致信息。当全局系数矩阵 $\boldsymbol{Z}^{*}$ 满足收敛条件时，可以用它来构造亲和度矩阵。

最后，将谱聚类算法应用于亲和度矩阵，得到聚类结果。在 RLKMSC 模型中，Schatten p-范数、“内核策略”、相关熵以及协同学习被融于一体用于聚类。

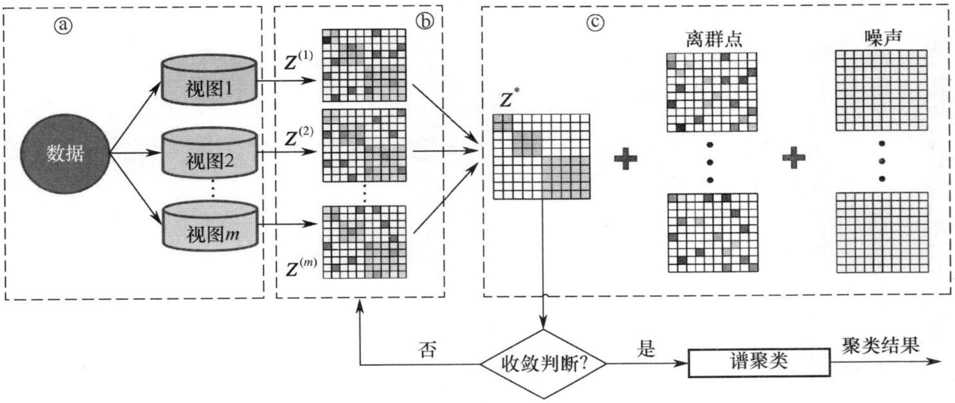

图 3.1　RLKMSC 模型框架（见彩图）

3.3.1　Centroid-based RLKMSC 的模型提出与优化

根据式（3.1），我们提出了一种基于质心的正则化方法（Centroid-based RLKMSC），迫使所有视图的表示指向一个共同的质心。具体来说，通过 $\sum_{v=1}^{n_v}\beta^{(v)}\|\boldsymbol{Z}^{(v)}-\boldsymbol{Z}^*\|_F^2$，可以使所有视图的表示矩阵 $\boldsymbol{Z}^{(v)}$ 指向一个公共质心 $\boldsymbol{Z}^*$。目标函数可表示为

$$\begin{cases}\min\limits_{\{\boldsymbol{K}^{(v)}\}_{v=1}^{n_v},\ \{\boldsymbol{Z}^{(v)}\}_{v=1}^{n_v}} \sum_{v=1}^{n_v}\left(\|\boldsymbol{\phi}(\boldsymbol{X}^{(v)})\|_{S_p}^p+\lambda\|\boldsymbol{Z}^{(v)}\|_1+\beta^{(v)}\|\boldsymbol{Z}^{(v)}-\boldsymbol{Z}^*\|_F^2\right)\\ \text{s. t. } \boldsymbol{\phi}(\boldsymbol{X}^{(v)})=\boldsymbol{\phi}(\boldsymbol{X}^{(v)})\boldsymbol{Z}^{(v)},\ \mathbf{diag}(\boldsymbol{Z}^{(v)})=0,\ v=1,\ 2,\ \cdots,\ n_v\end{cases} \tag{3.2}$$

式中：$\boldsymbol{K}^{(v)}=\boldsymbol{\phi}(\boldsymbol{X}^{(v)})^{\mathrm{T}}\boldsymbol{\phi}(\boldsymbol{X}^{(v)})$ 为未知的格拉姆矩阵；λ 和 $\beta^{(v)}$ 为视图 v 的平衡参数；$\boldsymbol{Z}^{(*)}$ 为共识表示矩阵。

这个问题可以转化为

$$\begin{cases}\min\limits_{\boldsymbol{K}^{(v)},\ \boldsymbol{Z}^{(v)}} \|\boldsymbol{\phi}(\boldsymbol{X}^{(v)})\|_{S_p}^p+\lambda\|\boldsymbol{Z}^{(v)}\|_1+\beta^{(v)}\|\boldsymbol{Z}^{(v)}-\boldsymbol{Z}^*\|_F^2\\ \text{s. t. } \boldsymbol{\phi}(\boldsymbol{X}^{(v)})=\boldsymbol{\phi}(\boldsymbol{X}^{(v)})\boldsymbol{Z}^{(v)},\ \mathbf{diag}(\boldsymbol{Z}^{(v)})=0\end{cases} \tag{3.3}$$

优化式（3.3）的过程的主要障碍在于 $\|\boldsymbol{\phi}(\boldsymbol{X}^{(v)})\|_{S_p}^p$ 明显依赖于 $\boldsymbol{\phi}(\boldsymbol{X}^{(v)})$。

这可以通过重新参数化来规避，从而得到了特征空间中稳健秩最小化的一个闭式解。由于核矩阵$\boldsymbol{K}^{(v)}$是对称正半定矩阵，故我们可以对其进行因式分解$\boldsymbol{K}^{(v)}=\boldsymbol{B}^{(v)^{\mathrm{T}}}\boldsymbol{B}^{(v)}$并得到$\|\boldsymbol{\phi}(\boldsymbol{X}^{(v)})\|_{S_p}^{p}=\|\boldsymbol{B}^{(v)}\|_{S_p}^{p}$，其中$\boldsymbol{B}^{(v)}$是一个方阵。通常，数据点会受到噪声的污染。因此，我们必须通过放松式（3.3）中的等式约束，为目标添加一个正则化项$\|\boldsymbol{\phi}(\boldsymbol{X}^{(v)})-\boldsymbol{\phi}(\boldsymbol{X}^{(v)})\boldsymbol{Z}^{(v)}\|_F^2=\mathrm{Tr}\left[(\boldsymbol{I}-2\boldsymbol{Z}^{(v)}+\boldsymbol{Z}^{(v)}\boldsymbol{Z}^{(v)^{\mathrm{T}}})\boldsymbol{B}^{(v)^{\mathrm{T}}}\boldsymbol{B}^{(v)}\right]$。为了使模型对由非高斯噪声引起的腐蚀问题具有更强的稳健性，我们在式（3.3）中引入了$\sum_{ij}\varphi(E_{i,j}^{(v)})$来度量$\boldsymbol{K}_G^{(v)}$和$\boldsymbol{B}^{(v)\mathrm{T}}\boldsymbol{B}^{(v)}$之间的相似性。为适应仿射子空间，我们需要引入仿射约束。综上，式（3.3）可表示为

$$
\begin{cases}
\min\limits_{\boldsymbol{B}^{(v)},\boldsymbol{Z}^{(v)},\boldsymbol{E}^{(v)}}\|\boldsymbol{B}^{(v)}\|_{S_p}^{p}+\lambda_1\|\boldsymbol{Z}^{(v)}\|_1+\dfrac{\lambda_2}{2}\mathrm{Tr}\left[(I-2\boldsymbol{Z}^{(v)}+\boldsymbol{Z}^{(v)}\boldsymbol{Z}^{(v)^{\mathrm{T}}})\boldsymbol{B}^{(v)^{\mathrm{T}}}\boldsymbol{B}^{(v)}\right]+\\
\lambda_3\sum_{i,j}\varphi(E_{i,j}^{(v)})+\beta^{(v)}\|\boldsymbol{Z}^{(v)}-\boldsymbol{Z}^*\|_F^2\\
\text{s.t. }\mathbf{diag}(\boldsymbol{Z}^{(v)})=0,\ \mathbf{1}^{\mathrm{T}}\boldsymbol{Z}^{(\mathrm{v})}=\mathbf{1}^{\mathrm{T}},\ \boldsymbol{K}_G^{(v)}=B^{(v)^{\mathrm{T}}}\boldsymbol{B}^{(v)}+\boldsymbol{E}^{(v)}
\end{cases}
\tag{3.4}
$$

式中：$\boldsymbol{K}_G^{(v)}$为预定义的核矩阵；$\boldsymbol{E}^{(v)}$对数据中的误差进行建模；$\varphi(E_{ij}^{(v)})=1-\exp\left(-\dfrac{E_{ij}^{(v)^2}}{2\sigma^2}\right)$，$E_{ij}^{(v)}$表示矩阵$\boldsymbol{E}^{(v)}$第$i$行第$j$列的元素；$\sigma$为高斯核的宽度。

为了方便起见，我们在式（3.4）中引入辅助变量$\boldsymbol{Z}_1^{(v)}$、$\boldsymbol{Z}_2^{(v)}$和$\boldsymbol{A}^{(v)}$。那么，可以将原问题重新表示为

$$
\begin{cases}
\min\limits_{\boldsymbol{A}^{(v)},\boldsymbol{B}^{(v)},\boldsymbol{Z}_1^{(v)},\boldsymbol{Z}_2^{(v)},\boldsymbol{E}^{(v)}}\|\boldsymbol{B}^{(v)}\|_{S_p}^{p}+\lambda_1\|\boldsymbol{Z}_1^{(v)}\|_1+\dfrac{\lambda_2}{2}\mathrm{Tr}\left[(\boldsymbol{I}-2\boldsymbol{A}^{(v)}+\boldsymbol{A}^{(v)}\boldsymbol{A}^{(v)^{\mathrm{T}}})\boldsymbol{B}^{(v)^{\mathrm{T}}}\boldsymbol{B}^{(v)}\right]+\\
\lambda_3\sum\limits_{i,j}\varphi(\boldsymbol{E}_{ij}^{(v)})+\beta^{(v)}\|\boldsymbol{Z}_2^{(v)}-\boldsymbol{Z}^*\|_F^2\\
\text{s.t.}\,\boldsymbol{A}^{(v)}=\boldsymbol{Z}_1^{(v)}-\mathbf{diag}(\boldsymbol{Z}_1^{(v)}),\ \boldsymbol{A}^{(v)}=\boldsymbol{Z}_2^{(v)}\\
\boldsymbol{K}_G^{(v)}=\boldsymbol{B}^{(v)^{\mathrm{T}}}\boldsymbol{B}^{(v)}+\boldsymbol{E}^{(v)},\ 1^{\mathrm{T}}\boldsymbol{Z}_1^{(v)}=\mathbf{1}^{\mathrm{T}}
\end{cases}
\tag{3.5}
$$

显然，式（3.5）是非凸的。ADMM已成为解决非凸问题的流行算法[95]，尤其是双线性问题[96]。已有文献给出了ADMM对非凸问题的收敛性分析[85]。所以，我们使用ADMM算法框架求解式（3.5），其增广拉格朗日函数为

$$\begin{aligned}
&\mathcal{L}(\boldsymbol{A}^{(v)},\ \boldsymbol{B}^{(v)},\ \{\boldsymbol{Z}_i^{(v)}\}_{i=1}^2,\ \boldsymbol{E}^{(v)},\ \{\boldsymbol{Y}_i^{(v)}\}_{i=1}^3,\ \boldsymbol{y}_4^{(v)})\\
&= \|\boldsymbol{B}^{(v)}\|_{S_p}^p + \lambda_1\|\boldsymbol{Z}_1^{(v)}\|_1 + \frac{\lambda_2}{2}\mathrm{Tr}\left((\boldsymbol{I} - 2\boldsymbol{A}^{(v)} + \boldsymbol{A}^{(v)}\boldsymbol{A}^{(v)\mathrm{T}})\boldsymbol{B}^{(v)\mathrm{T}}\boldsymbol{B}^{(v)}\right) + \\
&\quad \lambda_3\sum_{i,j}\varphi(\boldsymbol{E}_{ij}^{(v)}) + \beta^{(v)}\|\boldsymbol{Z}_2^{(v)} - \boldsymbol{Z}^*\|_F^2 + \mathrm{Tr}\left[\boldsymbol{Y}_1^{(v)\mathrm{T}}(\boldsymbol{A}^{(v)} - \boldsymbol{Z}_1^{(v)} + \mathbf{diag}(\boldsymbol{Z}_1^{(v)}))\right] + \\
&\quad \mathrm{Tr}\left[\boldsymbol{Y}_2^{(v)\mathrm{T}}(\boldsymbol{A}^{(v)} - \boldsymbol{Z}_2^{(v)})\right] + \mathrm{Tr}\left[\boldsymbol{Y}_3^{(v)\mathrm{T}}(\boldsymbol{K}_G^{(v)} - \boldsymbol{B}^{(v)\mathrm{T}}\boldsymbol{B}^{(v)} - \boldsymbol{E}^{(v)})\right] + \\
&\quad \mathrm{Tr}\left[\boldsymbol{y}_4^{(v)\mathrm{T}}(\mathbf{1}^{\mathrm{T}}\boldsymbol{Z}_1^{(v)} - \mathbf{1}^{\mathrm{T}})\right] + \frac{\mu}{2}\left(\|\boldsymbol{A}^{(v)} - \boldsymbol{Z}_1^{(v)} + \mathbf{diag}(\boldsymbol{Z}_1^{(v)})\|_F^2 + \|\boldsymbol{A}^{(v)} - \boldsymbol{Z}_2^{(v)}\|_F^2 + \right.\\
&\quad \left.\|\boldsymbol{K}_G^{(v)} - \boldsymbol{B}^{(v)\mathrm{T}}\boldsymbol{B}^{(v)} - \boldsymbol{E}^{(v)}\|_F^2 + \|\mathbf{1}^{\mathrm{T}}\boldsymbol{Z}_1^{(v)} - \mathbf{1}^{\mathrm{T}}\|_2^2\right)
\end{aligned} \tag{3.6}$$

式中：$\{\boldsymbol{Y}_i^{(v)}\}_{i=1}^3 \in \mathbb{R}^{N\times N}$；$\boldsymbol{y}_4^{(v)} \in \mathbb{R}^{1\times N}$ 为拉格朗日乘子；$\mu \geqslant 0$ 为惩罚参数。

我们通过在固定其他变量的同时最小化式（3.6）来交替地更新上述每个变量。下面将提供该过程的详细信息。

1）更新 $\boldsymbol{Z}_1^{(v)}$

$\boldsymbol{Z}_1^{(v)}$ 可通过求解以下子问题进行更新，即

$$\min_{\boldsymbol{Z}_1^{(v)}} \frac{\lambda_1}{\mu}\|\boldsymbol{Z}_1^{(v)}\|_1 + \frac{1}{2}\left\|\boldsymbol{Z}_1^{(v)} - \mathbf{diag}(\boldsymbol{Z}_1^{(v)}) - \left(\boldsymbol{A}^{(v)} + \frac{\boldsymbol{Y}_1^{(v)}}{\mu}\right)\right\|_F^2 \tag{3.7}$$

这个子问题有一个闭式解，即

$$\boldsymbol{Z}_1^{(v)} = \boldsymbol{Y} - \mathbf{diag}(\boldsymbol{Y}) \tag{3.8}$$

式中：$\boldsymbol{Y} = T_{\frac{\lambda_1}{\mu}}\left(\boldsymbol{A}^{(v)} + \frac{\boldsymbol{Y}_1^{(v)}}{\mu}\right)$，$T$ 是一个按元素方式的软阈值操作，定义为 $T_\tau(x) = \mathrm{sign}(x) \cdot \max(|x| - \tau, 0)$。

2）更新 $\boldsymbol{Z}_2^{(v)}$

$\boldsymbol{Z}_2^{(v)}$ 可通过求解以下子问题进行更新，即

$$\min_{\boldsymbol{Z}_2^{(v)}} \beta^{(v)}\|\boldsymbol{Z}_2^{(v)} - \boldsymbol{Z}^*\|_F^2 + \mathrm{Tr}\left[\boldsymbol{Y}_2^{(v)\mathrm{T}}(\boldsymbol{A}^{(v)} - \boldsymbol{Z}_2^{(v)})\right] + \frac{\mu}{2}\|\boldsymbol{A}^{(v)} - \boldsymbol{Z}_2^{(v)}\|_F^2 \tag{3.9}$$

这个子问题也有一个闭式解，即

$$\boldsymbol{Z}_2^{(v)} = \left((2\beta^{(v)} + \mu)\boldsymbol{I}\right)^{-1}(2\beta^{(v)}\boldsymbol{Z}^* + \mu\boldsymbol{A}^{(v)} + \boldsymbol{Y}_2^{(v)}) \tag{3.10}$$

3）更新 $\boldsymbol{Z}^*$

通过将式（3.6）对 $\boldsymbol{Z}^*$ 的偏导数设为零，求解 $\boldsymbol{Z}^*$，可以得到 $\boldsymbol{Z}^*$ 的闭式解，即

$$Z^* = \frac{\sum_{v=1}^{n_v} \beta^{(v)} Z^{(v)}}{\sum_{v=1}^{n_v} \beta^{(v)}} \tag{3.11}$$

4）更新 $A^{(v)}$

矩阵 $A^{(v)}$ 可以通过优化以下子问题来更新，即

$$\begin{aligned}&\min_{A^{(v)}} \frac{\lambda_2}{2}\mathrm{Tr}\left(\left(I - 2A^{(v)} + A^{(v)}A^{(v)\mathrm{T}}\right)B^{(v)\mathrm{T}}B^{(v)}\right) + \\ &\mathrm{Tr}\left(Y_1^{(v)\mathrm{T}}A^{(v)}\right) + \mathrm{Tr}\left(Y_2^{(v)\mathrm{T}}A^{(v)}\right) + \mathrm{Tr}\left(y_4^{\mathrm{T}}\mathbf{1}^{\mathrm{T}}Z_1^{(v)}\right) + \\ &\frac{\mu}{2}\left(\| A^{(v)} - Z_1^{(v)} + \mathbf{diag}(Z_1^{(v)}) \|_F^2 + \| \mathbf{1}^{\mathrm{T}}Z_1^{(v)} - \mathbf{1}^{\mathrm{T}} \|_2^2\right)\end{aligned} \tag{3.12}$$

这可以通过将式（3.12）对 $A^{(v)}$ 求导数并将其设置为零来实现，这个子问题的闭式解为

$$\begin{aligned}A^{(v)} = &\left(\lambda_2 B^{(v)\mathrm{T}}B^{(v)} + 2\mu(I + \mathbf{1}\mathbf{1}^{\mathrm{T}})\right)^{-1}\left(\lambda_2 B^{(v)\mathrm{T}}B^{(v)} - Y_1^{(v)} - Y_2^{(v)} - \mathbf{1}y_4^{(v)} + \right.\\ &\left.\mu\left(Z_1^{(v)} - \mathbf{diag}(Z_1^{(v)})\right) + Z_2^{(v)} + \mathbf{1}\mathbf{1}^{\mathrm{T}}\right)\end{aligned} \tag{3.13}$$

5）更新 $B^{(v)}$

为了更新 $B^{(v)}$，我们需要求解下面的子问题，即

$$\min_{B^{(v)}} \| B^{(v)} \|_{S_p}^p + \frac{\lambda_3}{2} \| \widetilde{K_{G1}^{(v)}} - B^{(v)\mathrm{T}}B^{(v)} \|_F^2 \tag{3.14}$$

式中：$\tilde{K}_{G1}^{(v)} = K_G^{(v)} - \frac{1}{\mu}\left(\frac{\lambda_2}{2}\left(I - 2A^{(v)\mathrm{T}} + A^{(v)}A^{(v)\mathrm{T}}\right) - Y_3^{(v)}\right) - E^{(v)}$ 这个子问题的闭式解为

$$B^{(v)} = \Gamma^* V^{\mathrm{T}} \tag{3.15}$$

式中：Γ^* 和 V 都与 $\tilde{K}_{G1}^{(v)}$ 的 SVD 有关。这个子问题可以根据 2.3.2 节中的定理 3.1 来求解。

6）更新 $E^{(v)}$

更新 $E^{(v)}$ 的子问题可以表示为

$$\min_{E^{(v)}} \frac{\lambda_3}{\mu} \sum_{ij} \varphi(E_{i,j}^{(v)}) + \frac{1}{2}\left\| E^{(v)} - \left(K_G^{(v)} - B^{(v)\mathrm{T}}B^{(v)} + \frac{Y_3^{(v)}}{\mu}\right)\right\|_F^2 \tag{3.16}$$

由分析可知，很难直接优化式（3.16），虽然基于梯度的算法可以对其进行求解，但效率比较低。庆幸的是，HQ 最小化算法的计算速度明显高于基于

梯度的算法[91]。因此，使用 HQ 技术来优化这个问题，其求解过程如下所述：

当 $E_{i,j}^{(v)}$ 固定时，根据 HQ 理论[91]，我们可以得到

$$\varphi(E_{i,j}^{(v)})=\min_{M_{i,j}^{(v)}\in\mathbb{R}}\frac{1}{2}M_{i,j}^{(v)}E_{i,j}^{(v)^2}+\psi(M_{i,j}^{(v)}) \tag{3.17}$$

式中：$\psi(\cdot)$ 为 $\varphi(\cdot)$ 的对偶势函数；$W_{i,j}^{(v)}$ 为辅助变量。

将式（3.17）代入式（3.16）可以得到式（3.16）的增强函数为

$$\min_{\boldsymbol{E}^{(v)},\boldsymbol{M}^{(v)}}\frac{1}{2}\left\|\boldsymbol{E}^{(v)}-\left(\boldsymbol{K}_G^{(v)}-\boldsymbol{B}^{(v)^{\mathrm{T}}}\boldsymbol{B}^{(v)}+\frac{\boldsymbol{Y}_3^{(v)}}{\mu}\right)\right\|_F^2+\frac{\lambda_3}{2\mu}\|\boldsymbol{M}^{(v)^{\frac{1}{2}}}\otimes\boldsymbol{E}^{(v)}\|_F^2+\sum_{ij}\psi(\boldsymbol{M}_{ij}^{(v)}) \tag{3.18}$$

式中：⊗表示点积。

通过交替最小化可得到式（3.18）的结果（$\boldsymbol{E}^{(v)*}$，$\boldsymbol{M}^{(v)*}$）。具体的求解过程可以借鉴 2.3.2 节中更新模型 RLKSC-2 中的式（2.26）的过程。具体来说，假设第 k 次迭代结果为 $\boldsymbol{E}^{(v)^k}$，那么第 $k+1$ 次的结果可以通过重复以下过程获得，即

$$\begin{cases}\boldsymbol{M}_{i,j}^{*}=\exp\left(-\dfrac{(E_{i,j}^{(v)^k})^2}{2\sigma^2}\right)\\ \boldsymbol{E}^{*}=\left(\boldsymbol{K}_G^{(v)}-\boldsymbol{B}^{(v)^{\mathrm{T}}}\boldsymbol{B}^{(v)}+\dfrac{\boldsymbol{Y}_3^{(v)}}{\mu}\right)\cdot/\left(\dfrac{\lambda_3}{\mu}\boldsymbol{M}^{(v)*}+\boldsymbol{1}\right)\end{cases} \tag{3.19}$$

式中：·/表示元素对元素的除。

在收敛或达到最大迭代次数之前，将重复这些更新步骤。在每次迭代时，通过评估以下约束条件来检验收敛性：$\|\boldsymbol{A}^{(v)}-\boldsymbol{Z}_1^{(v)}+\mathbf{diag}(\boldsymbol{Z}_1^{(v)})\|_\infty\leqslant\epsilon$，$\|\boldsymbol{1}^{\mathrm{T}}\boldsymbol{Z}_1^{(v)}-\boldsymbol{1}^{\mathrm{T}}\|_\infty\leqslant\epsilon$，$\|\boldsymbol{A}^{(v)}-\boldsymbol{Z}_2^{(v)}\|_\infty\leqslant\epsilon$ 及 $\|\boldsymbol{K}_G^{(v)}-\boldsymbol{B}^{(v)^{\mathrm{T}}}\boldsymbol{B}^{(v)}-\boldsymbol{E}^{(v)}\|_\infty\leqslant\epsilon$，$(v=1,2,\cdots,n_v)$。

3.3.2　Pairwise RLKMSC 的模型与优化

接下来，我们介绍了 RLKMSC 的另一种正则化方法，即成对的 RLKMSC，它鼓励了各视图系数矩阵对之间的相似性。我们得到如下优化问题：

$$\begin{cases}\min\limits_{\{\boldsymbol{B}^{(v)},\boldsymbol{Z}^{(v)},\boldsymbol{E}^{(v)}\}_{v=1}^{n_v}}\sum\limits_{v=1}^{n_v}\|\boldsymbol{B}^{(v)}\|_{S_p}^p+\lambda_1\|\boldsymbol{Z}^{(v)}\|_1+\dfrac{\lambda_2}{2}\mathrm{Tr}[(\boldsymbol{I}-2\boldsymbol{Z}^{(v)}+\boldsymbol{Z}^{(v)}\boldsymbol{Z}^{(v)^{\mathrm{T}}})\boldsymbol{B}^{(v)^{\mathrm{T}}}\boldsymbol{B}^{(v)}]+\\ \lambda_3\sum\limits_{i,j}\varphi(\boldsymbol{E}_{ij}^{(v)})+\sum\limits_{1\leqslant v,w\leqslant n_v,v\neq w}\beta^{(v)}\|\boldsymbol{Z}^{(v)}-\boldsymbol{Z}^{(w)}\|_F^2\\ \mathrm{s.t.}\ \mathbf{diag}(\boldsymbol{Z}^{(v)})=\boldsymbol{0},\ \boldsymbol{1}^{\mathrm{T}}\boldsymbol{Z}^{(v)}=\boldsymbol{1}^{\mathrm{T}},\ \boldsymbol{K}_G^{(v)}=\boldsymbol{B}^{(v)^T}\boldsymbol{B}^{(v)}+\boldsymbol{E}^{(v)}\end{cases} \tag{3.20}$$

式（3.20）中所引入的最后一项，与基于中心的 RLKMSC 不同，它可以鼓励视图的表示矩阵对之间的相似性。这个问题也可以分解为单独的子问题，即

$$\begin{cases}\min\limits_{\boldsymbol{B}^{(v)},\boldsymbol{Z}^{(v)},\boldsymbol{E}^{(v)}} \|\boldsymbol{B}^{(v)}\|_{S_p}^{p}+\lambda_1\|\boldsymbol{Z}^{(v)}\|_1+\dfrac{\lambda_2}{2}\mathrm{Tr}[(\boldsymbol{I}-2\boldsymbol{Z}^{(v)}+\boldsymbol{Z}^{(v)}\boldsymbol{Z}^{(v)^{\mathrm{T}}})\boldsymbol{B}^{(v)^{\mathrm{T}}}\boldsymbol{B}^{(v)}]+\\ \lambda_3\sum\limits_{i,j}\varphi(\boldsymbol{E}_{ij}^{(v)})+\beta^{(v)}\sum\limits_{1\leqslant w\leqslant n_v,\ v\neq w}\|\boldsymbol{Z}^{(v)}-\boldsymbol{Z}^{(w)}\|_F^2\\ \text{s.t. }\mathbf{diag}(\boldsymbol{Z}^{(v)})=\mathbf{0},\ \mathbf{1}^{\mathrm{T}}\boldsymbol{Z}^{(v)}=\mathbf{1}^{\mathrm{T}},\ \boldsymbol{K}_G^{(v)}=\boldsymbol{B}^{(v)^{\mathrm{T}}}\boldsymbol{B}^{(v)}+\boldsymbol{E}^{(v)}\end{cases} \tag{3.21}$$

通过引入辅助变量 $\boldsymbol{Z}_1^{(v)}$、$\boldsymbol{Z}_2^{(v)}$ 和 $\boldsymbol{A}^{(v)}$，式（3.20）可以重新表述为

$$\begin{cases}\min\limits_{\boldsymbol{A}^{(v)},\boldsymbol{B}^{(v)},\boldsymbol{Z}_1^{(v)},\boldsymbol{Z}_2^{(v)},\boldsymbol{E}^{(v)}} \|\boldsymbol{B}^{(v)}\|_{S_p}^{p}+\lambda_1\|\boldsymbol{Z}_1^{(v)}\|_1+\dfrac{\lambda_2}{2}\mathrm{Tr}[(\boldsymbol{I}-2\boldsymbol{A}^{(v)}+\boldsymbol{A}^{(v)}\boldsymbol{A}^{(v)^{\mathrm{T}}})\boldsymbol{B}^{(v)^{\mathrm{T}}}\boldsymbol{B}^{(v)}]+\\ \lambda_3\sum\limits_{i,j}\varphi(\boldsymbol{E}_{ij}^{(v)})+\beta^{(v)}\sum\limits_{1\leqslant w\leqslant n_v,\ v\neq w}\|\boldsymbol{Z}_2^{(v)}-\boldsymbol{Z}^{(w)}\|_F^2\\ \text{s.t. }\boldsymbol{A}^{(v)}=\boldsymbol{Z}_1^{(v)}-\mathbf{diag}(\boldsymbol{Z}_1^{(v)}),\ \boldsymbol{A}^{(v)}=\boldsymbol{Z}_2^{(v)},\ \boldsymbol{K}_G^{(v)}=\boldsymbol{B}^{(v)^{\mathrm{T}}}\boldsymbol{B}^{(v)}+\boldsymbol{E}^{(v)},\ \mathbf{1}^{\mathrm{T}}\boldsymbol{Z}_1^{(v)}=\mathbf{1}^{\mathrm{T}}\end{cases} \tag{3.22}$$

其增广拉格朗日函数为

$$\begin{aligned}&\mathcal{L}(\boldsymbol{A}^{(v)},\boldsymbol{B}^{(v)},\{\boldsymbol{Z}_i^{(v)}\}_{i=1}^{2},\boldsymbol{E}^{(v)},\{\boldsymbol{Y}_i^{(v)}\}_{i=1}^{3},\boldsymbol{y}_4^{(v)})\\ =\ &\|\boldsymbol{B}^{(v)}\|_{S_p}^{p}+\lambda_1\|\boldsymbol{Z}_1^{(v)}\|_1+\frac{\lambda_2}{2}\mathrm{Tr}[(\boldsymbol{I}-2\boldsymbol{A}^{(v)}+\boldsymbol{A}^{(v)}\boldsymbol{A}^{(v)^{\mathrm{T}}})\boldsymbol{B}^{(v)^{\mathrm{T}}}\boldsymbol{B}^{(v)}]+\lambda_3\sum_{i,j}\varphi(\boldsymbol{E}_{ij}^{(v)})+\\ &\beta^{(v)}\sum_{1\leqslant w\leqslant n_v,\ v\neq w}\|\boldsymbol{Z}_2^{(v)}-\boldsymbol{Z}^{(w)}\|_F^2+\mathrm{Tr}[\boldsymbol{Y}_1^{(v)^{\mathrm{T}}}(\boldsymbol{A}^{(v)}-\boldsymbol{C}_1^{(v)}+\mathbf{diag}(\boldsymbol{C}_1^{(v)}))]+\\ &\mathrm{Tr}[\boldsymbol{Y}_2^{(v)^{\mathrm{T}}}(\boldsymbol{A}^{(v)}-\boldsymbol{Z}_2^{(v)})]+\mathrm{Tr}[\boldsymbol{Y}_3^{(v)^{\mathrm{T}}}(\boldsymbol{K}_G^{(v)}-\boldsymbol{B}^{(v)^{\mathrm{T}}}\boldsymbol{B}^{(v)}-\boldsymbol{E}^{(v)})]+\\ &\mathrm{Tr}[\boldsymbol{y}_4^{(v)^{\mathrm{T}}}(\mathbf{1}^{\mathrm{T}}\boldsymbol{C}_1^{(v)}-\mathbf{1}^{\mathrm{T}})]+\frac{\mu}{2}(\|\boldsymbol{A}^{(v)}-\boldsymbol{Z}_1^{(v)}+\mathbf{diag}(\boldsymbol{Z}_1^{(v)})\|_F^2+\|\boldsymbol{A}^{(v)}-\boldsymbol{Z}_2^{(v)}\|_F^2)+\\ &\|\boldsymbol{K}_G^{(v)}-\boldsymbol{B}^{(v)^{\mathrm{T}}}\boldsymbol{B}^{(v)}-\boldsymbol{E}^{(v)}\|_F^2+\|\mathbf{1}^{\mathrm{T}}\boldsymbol{Z}_1^{(v)}-\mathbf{1}^{\mathrm{T}}\|_2^2)\end{aligned} \tag{3.23}$$

1）更新 $\boldsymbol{Z}_1^{(v)}$、$\boldsymbol{A}^{(v)}$、$\boldsymbol{B}^{(v)}$ 和 $\boldsymbol{E}^{(v)}$：

通过对比式（3.23）和 式（3.6）发现，模型 Pairwise RLKMSC 中的变量 $\boldsymbol{Z}_1^{(v)}$、$\boldsymbol{A}^{(v)}$、$\boldsymbol{B}^{(v)}$ 和 $\boldsymbol{E}^{(v)}$ 的更新规则与 Centroid-based RLKMSC 相同，也就是我们可以根据式（3.8）、式（3.13）、式（3.15）和式（3.19）来更新这些变量。

2）更新 $\boldsymbol{Z}_2^{(v)}$

$\boldsymbol{Z}_2^{(v)}$ 可通过求解以下子问题进行更新

$$\min_{Z_2^{(v)}} \beta^{(v)} \sum_{1\leq w\leq n_v, v\neq w} \| Z_2^{(v)} - Z^{(w)} \|_F^2 + \mathrm{Tr}(Y_2^{(v)\mathrm{T}}(A^{(v)} - Z_2^{(v)})) + \frac{\mu}{2} \| A^{(v)} - Z_2^{(v)} \|_F^2 \tag{3.24}$$

这可以通过将式（3.24）对 $Z_2^{(v)}$ 求导数并将其设置为零来实现。这个子问题的闭式解为

$$Z_2^{(v)} = [(2\beta^{(v)}(n_v - 1) + \mu)I]^{-1}(2\beta^{(v)} \sum_{1\leq w\leq n_v,\ v\neq w} Z^{(w)} + \mu A^{(v)} + Y_2^{(v)}) \tag{3.25}$$

3.3.3 RLKSC 的完整算法

给出一个多视图数据矩阵 $X = \{X^{(v)}\}_{v=1}^{n_v}$，模型 Centroid-based RLKMSC 和 Pairwise RLKMSC 的求解过程分别总结在算法 3.1 和算法 3.2 中。当获得共识系数矩阵 Z^* 后，我们可以进而获得相似度矩阵 $A_f = \frac{1}{2}(|Z^*| + |Z^*|^{\mathrm{T}})$。然后，将 Ng 等[92]设计的谱聚类算法应用于 A_f 得到最终的聚类结果。RLKMSC 的完整过程总结在算法 3.3 中。

算法 3.1　通过 HQ-ADMM 求解 Centroid-based RLKMSC

输入：数据矩阵 $X = \{X^{(v)}\}_{v=1}^{n_v}$；核矩阵 $\{K_G^{(v)}\}_{v=1}^{n_v}$；权衡参数 λ_1、λ_2、λ_3 和 $\{\beta^{(v)}\}_{v=1}^{n_v}$。

初始化：$A^{(v)} = 0$，$B^{(v)} = \sqrt{K_G^{(v)}}$，$\{Z_i^{(v)}\}_{i=1}^{2} = 0$，$Z^* = 0$，$\{Y_i^{(v)}\}_{i=1}^{3} = 0$，$y_4^{(v)} = 0$，$\mu_0 = 10^{-8}$，$\mu_m = 10^8$，$\eta = 20$，$\epsilon_1 = 10^{-2}$，maxIter = 50。

① **while** 不收敛且 $t <$ maxIter **do**；

② **for** $v = 1$ to n_v **do**；

③ 固定其他变量，根据式（3.8）更新 $Z_1^{(v)}$；

④ 固定其他变量，根据式（3.10）更新 $Z_2^{(v)}$；

⑤ 固定其他变量，根据式（3.13）更新 $A^{(v)}$；

⑥ 固定其他变量，根据式（3.15）更新 $B^{(v)}$；

⑦ 固定其他变量，根据式（3.19）循环更新 $E^{(v)}$ 和 $M^{(v)}$，直到

$$\mu \| E^{(v)^h} - E^{(v)^{h-1}} \|_F / \| K_G^{(v)} \|_F \leq \epsilon_1$$

⑧ 固定其他变量，更新拉格朗日乘子变量：

$$Y_1^{(v)} := Y_1^{(v)} + \mu(A^{(v)} - Z_1^{(v)} + \mathbf{diag}(Z_1^{(v)})),$$

$$Y_2^{(v)} := Y_2^{(v)} + \mu(A^{(v)} - Z_2^{(v)}),$$

$$Y_3^{(v)} := Y_3^{(v)} + \mu(K_G^{(v)} - B^{(v)^{\mathrm{T}}} B^{(v)} - E^{(v)}),$$

$$y_4^{(v)} := y_4^{(v)} + \mu(\mathbf{1}^{\mathrm{T}} Z_1^{(v)} - \mathbf{1}^{\mathrm{T}})$$

⑨ **end for**;

⑩ 更新惩罚参数：$\mu = \min\ (\eta\mu,\ \mu_m)$；

⑪ 根据式（3.11）更新 Z^*；

⑫ 检查收敛条件；

⑬ **end while**。

输出：系数矩阵 Z^*。

算法 3.2 通过 HQ-ADMM 求解 Pairwise RLKMSC

输入：数据矩阵 $X = \{X^{(v)}\}_{v=1}^{n_v}$；核矩阵 $\{K_G^{(v)}\}_{v=1}^{n_v}$；权衡参数 λ_1、λ_2、λ_3 和 $\{\beta^{(v)}\}_{v=1}^{n_v}$。

初始化：$A^{(v)} = 0$，$B^{(v)} = \sqrt{K_G^{(v)}}$，$\{Z_i^{(v)}\}_{i=1}^{2} = 0$，$Z^* = 0$，$\{Y_i^{(v)}\}_{i=1}^{3} = 0$，$y_4^{(v)} = 0$，$\mu_0 = 10^{-8}$，$\mu_m = 10^8$，$\eta = 20$，$\epsilon_1 = 10^{-2}$，maxIter = 50。

① **while** 不收敛且 $t <$ maxIter **do**;

② **for** $v = 1$ to n_v **do**;

③ 固定其他变量，根据式（3.8）更新 $Z_1^{(v)}$；

④ 固定其他变量，根据式（3.24）更新 $Z_2^{(v)}$；

⑤ 固定其他变量，根据式（3.13）更新 $A^{(v)}$；

⑥ 固定其他变量，根据式（3.15）更新 $B^{(v)}$；

⑦ 固定其他变量，根据式（3.19）循环更新 $E^{(v)}$ 和 $M^{(v)}$，直到

$$\mu \| E^{(v)^h} - E^{(v)^{h-1}} \|_F / \| K_G^{(v)} \|_F \leqslant \epsilon_1$$

⑧ 固定其他变量，更新拉格朗日乘子变量：

$$Y_1^{(v)} := Y_1^{(v)} + \mu\ (A^{(v)} - Z_1^{(v)} + \mathbf{diag}\ (Z_1^{(v)})\ )$$

$$Y_2^{(v)} := Y_2^{(v)} + \mu\ (A^{(v)} - Z_2^{(v)})$$

$$Y_3^{(v)} := Y_3^{(v)} + \mu\ (K_G^{(v)} - B^{(v)^{\mathrm{T}}} B^{(v)} - E^{(v)}\ )$$

$$y_4^{(v)} := y_4^{(v)} + \mu\ (\mathbf{1}^{\mathrm{T}} Z_1^{(v)} - \mathbf{1}^{\mathrm{T}})$$

⑨ **end for**;

⑩ 更新惩罚参数：$\mu=\min(\eta\mu,\ \mu_m)$；

⑪ **end while**;

⑫ 按照元素方式平均，$\{\boldsymbol{Z}^{(1)},\boldsymbol{Z}^{(2)},\cdots,\boldsymbol{Z}^{(n_v)}\}$组合，得到 $\boldsymbol{Z}^*$。

输出：系数矩阵 $\boldsymbol{Z}^*$。

算法 3.3　求解模型 RLKMSC 的算法

输入：多视图数据矩阵 $\boldsymbol{X}=\{\boldsymbol{X}^{(v)}\}_{v=1}^{n_v}$；子空间个数 k。

① 利用算法 3.1 或算法 3.2 获得系数矩阵 $\boldsymbol{Z}^*$；

② 求取亲和度矩阵 $\boldsymbol{A}_f=\frac{1}{2}(|\boldsymbol{Z}^*|+|\boldsymbol{Z}^*|^{\mathrm{T}})$；

③ 对 $\boldsymbol{A}_f$ 应用谱聚类算法[92]。

输出：聚类结果。

3.4　收敛性与计算复杂度分析

3.4.1　收敛性分析

本节主要讨论 RLKMSC 算法的收敛性问题。从算法 3.1 和算法 3.2 的步骤中可以看到，模型 RLKMSC 的优化问题是通过迭代法求得的。换句话说，我们首先固定 4 个变量，然后求解其他变量。类似于 RLKSC，根据 HQ 理论的相关特性，算法 3.1 和算法 3.2 中的序列$(\boldsymbol{M}^k,\boldsymbol{E}^k)$是收敛的。低秩项 $\|\boldsymbol{B}^{(v)}\|_{S_p}^p$ 也可以求得全局最优解。另外，Hong 等[97]对非凸问题的 ADMM 进行了收敛性分析。因此，收敛性结论可应用于我们的 HQ-ADMM 算法，并保证了算法的收敛性。

3.4.2　计算复杂度

本小节主要分析所提算法的计算复杂度问题。RLKMSC 的计算复杂度主要取决于 Centroid-based RLKMSC 或者 Pairwise RLKMSC 的复杂度，其主要耗时操作是求方阵的逆和奇异值分解（SVD）。具体而言，对于 $N\times N$ 方阵的逆运算复杂度为 $O(N^3)$，对于 $D\times N$ 矩阵的 SVD 运算复杂度为 $O(N^3)$。在算法 3.1 中，由于更新 $\boldsymbol{Z}_2^{(v)}$、$\boldsymbol{A}^{(v)}$ 都需要进行矩阵的逆运算，所以它们的

复杂度都为 $O(N^3)$ ）；更新 $\boldsymbol{B}$ 需要进行 SVD 运算，所以它的复杂度也为 $O(N^3)$；更新 $\boldsymbol{E}$ 涉及元素运算和内循环，故其复杂度为 $O(k\times D\times N)$ （k 为内循环次数）；因此，对于每个视图，Centroid-based RLKMSC 每次迭代的计算复杂度为 $O(3N^3+k\times D\times N)$。在算法 3.2 中，$\boldsymbol{Z}_1^{(v)}$、$\boldsymbol{A}^{(v)}$、$\boldsymbol{B}^{(v)}$ 和 $\boldsymbol{E}^{(v)}$ 的复杂度与算法 3.1 中的相同；更新 $\boldsymbol{Z}_2^{(v)}$ 需要进行矩阵的逆运算，所以它的复杂度都为 $O(N^3)$；对于每个视图，Pairwise RLKMSC 每次迭代的计算复杂度也为 $O(3N^3+k\times D\times N)$。

3.5 实验与结果分析

本节包括 6 个部分。第 1 部分介绍本章实验所选用的 5 个数据集，包括 3 个图像数据集、1 个文本数据集、1 个生物信息数据集。第 2 部分介绍与 RLKMSC 对比的几个算法及实验参数设置情况，以及实验用到的 5 个评价指标。第 3 部分给出实验结果并对其进行分析和讨论。第 4 部分给出 RLKMSC 的参数选择及收敛性验证。所有实验在 Intel Core i5-3230MB CPU，4GB RAM 的笔记本电脑上使用 MATLAB 2015b 进行。

3.5.1 数据集简介

实验中使用了 5 个常用数据集，它们的统计信息见表 3.2。我们在这里给出每个数据集的简短描述。

表 3.2 实验所用数据集的统计信息

数据集	样本数量	视图个数	簇数
UCI Digit	2000	3	10
Caltech-101	75	3	5
Reuters	600	5	6
Prokaryotic	551	3	4
Flower17	1360	7	17

（1）**UCI Digit 数据集（University of California Irvine Digit Dataset，美国加州大学欧文分校数字数据集）**①：此数据集可从 UCI 存储库中获得，它由手写数字（“0”～“9”）组成，每个数字有 200 个实例，总共有 2000 个样

① http：//archive. ics. uci. edu/ml/datasets/Multiple+Features。

本。这些样本用 6 个特征集来表示，实验中使用了其中的 3 个特征集：76 维、216 维、64 维。

（2）**Caltech-101 数据集（California Institute of Technology 101 Dataset，美国加州理工学院 101 数据集）**①：这个数据集是由来自多内核学习库的 Caltech-101 数据组成的，其中包含了 101 个对象的 8000 多张图片[113]。这个实验使用了这个数据集的一个子集，它包含 75 个样本和 5 个底层集群。根据文献［80］中的实验设置，我们的 3 个视图包括“像素特征”“梯度的金字塔直方图”和“稀疏局部特征”。

（3）**Reuters 数据集（路透社数据集）**②：这个数据集中包含的文档具有属于 6 个类别的特征，并且用 5 种不同的语言编写：原始文档是用英语编写的，然后翻译成法语、德语、西班牙语和意大利语[114]。原始的英语文档用作第 1 个视图，它们的 4 个翻译用作其他 4 个视图。我们从每个类别中随机抽取 100 个文档作为样本，并形成一个包含 600 个文档的数据集。

（4）**Prokaryotic Phyla 数据集（原核生物门数据集）**：这个数据集包含 3 个视图：一个文本数据和两个基因组表示，每个包含 551 种原核生物物种[115]。对这 3 个视图的描述如下：①文本数据由描述原核生物物种的文档的单词表示组成；②蛋白质组数据由氨基酸的相对频率组成；③基因序列数据由基因组中基因家族的存在/缺失指标组成。类似于文献［83］中的数据处理方法，在这 3 个视图中，每个视图都使用了主成分分析（PCA），并且保留了 90%方差的主成分，这可以减少数据集的维度。与以前的数据集不同，此数据集是不平衡的。最常见的集群包含 313 种，而最小的集群包含 35 种。

（5）**Flower17 数据集（花卉数据集）**③：这个数据集包含 17 种在英国常见的花卉，每一种有 80 张图片。有些物种有独特的视觉外观，有些物种高度相似。这些图像有很大的视野、比例和光度变化。类内的大可变性和类之间的小可变性使这个数据集非常具有挑战性。类似于文献［77］，数据集中包含的 7 个核矩阵直接用作集群输入。因此，我们不介绍特性连接的结果。

3.5.2　对比算法与实验设置

为了更好地评价所提算法的性能，我们将它们与几种最先进的算法进行比较：①Best Single View（最佳单视图），使用单个视图，在单一视图数据下实现

① https：//www.vision.caltech.edu/archive.html。
② https：//multilingreuters.iit.nrc.ca。
③ https：//www.robots.ox.ac.uk/vgg/data/flowers/17/index.html。

最佳子空间聚类性能；②Feature Concatenation（特征连接），在联合视图表示上直接拼接各视图的特征并运行标准子空间聚类；③Co-Reg（Co-regularization），谱聚类的协同正则化算法[75]；④RMSC（Robust Multi-View Spectral Clustering），基于低秩稀疏分解的稳健多视图谱聚类算法[77]；⑤CSMSC（Convex Sparse Multi-view Spectral Clustering），凸稀疏多视图谱聚类[80]；⑥MLRSSC（Multi-view Low-rank Sparse Subspace Clustering），低秩稀疏多视图子空间聚类[83]；⑦KMLRSSC（Kernel Multi-view Low-rank Sparse Subspace Clustering），核多视图低秩稀疏子空间聚类[83]。

对于基准算法，在可能的情况下，我们使用原始论文中建议的参数（如果其中指定了参数）或将它们调整为最佳值，各种参数的值范围罗列在表3.3中。对于RLKMSC，参数p从0.1到1变化，步长为0.1；$\lambda_{i=1,3}$是通过搜索网格的步骤确定的，取自$\{10^{-3}\ 10^{-2}\ 10^{-1}\ 1\ 10\ 10^{2}\ 10^{3}\}$。参数$\lambda_2$设置为$0.1\times\lambda_1$。对于共识参数$\boldsymbol{\beta}^{(v)}$，它以步长0.1从0.1调优到1；实际中我们对每个视图使用相同的值，因为在此之前我们不知道视图的哪些信息是重要的。当然，我们也可以尝试对每个视图使用不同的$\boldsymbol{\beta}^{(v)}$来评估所提出算法的性能；然而，这将大大增加工作量。实验过程中，我们使用两个类型的内核$\boldsymbol{K}_G=(\boldsymbol{x}_1,\boldsymbol{x}_2)$：①多项式核，$(\boldsymbol{x}_1^{\mathrm{T}}\boldsymbol{x}_2+a)^b$，其中$b=2$、$a$以步长5从5到40变化；②高斯核，核的标准偏差被取为等于数据点之间成对的欧氏距离的中值。

表3.3　各种算法的参数设置

方法	参数设置	迭代次数
Co-Reg	$\lambda\in\{0.01,0.02,0.03,0.04,0.05\}$	100
RMSC	$\lambda\in\{0.005,0.01,0.05,0.1,0.5,1,5,10,50,100\}$	300
CSMSC	$\alpha\in\{10^{-1}\ 10^{-2}\}$，$\beta\in\{10^{-3}\ 10^{-4}\ 10^{-5}\}$	200
KMLRSSC	$\beta_1\in\{0.1,0.3,0.5,0.7,0.9\}$，$\beta_2=1-\beta_1$，$\lambda\in\{0.3,0.5,0.7,0.9\}$	100

我们使用5个指标来评估RLKMSC及对比算法的聚类性能：Precision（准确率）、Recall（召回率）、F-score（F-分数），Normalized Mutual Information（NMI，归一化互信息）、Adjusted Rand Index（Adj-RI，调整兰德（Rand）指数）。对于这些指标，较高的值表示更好的性能。接下来，我们简要介绍5个指标的计算方法。假设有4个参数（由聚类结果的混淆矩阵得到）：True Positive（TP，真正例）、True Negative（TN，真负例）、False Negative（FP，假负例）以及False Positive（FN，假正例）。可得 $\text{Precision}=\dfrac{\text{TP}}{\text{TP}+\text{FP}}$；Recall =

$\frac{TP}{TP+FN}$；$F\text{-}score = 2\times\frac{Recall\times Precision}{Recall+Precision}$；$NMI(\boldsymbol{X},\boldsymbol{Y}) = 2\times\frac{I(\boldsymbol{X},\boldsymbol{Y})}{H(\boldsymbol{X})+H(\boldsymbol{Y})}$，其中 $I(\boldsymbol{X},\ \boldsymbol{Y})$ 是向量 $\boldsymbol{X}$ 和向量 $\boldsymbol{Y}$ 的互信息；$H(\boldsymbol{X})$ 是向量 $\boldsymbol{X}$ 的信息熵；$Adj\text{-}RI = \frac{RI-E(RI)}{\max(RI)-E(RI)}$，其中 $RI = \frac{TR+TN}{TP+FP+FN+TN}$ 为兰德指数。

3.5.3　实验结果与分析

表 3.4 中列出了该算法在 5 个真实数据集上的聚类结果。最好的结果以粗体字显示。对于 Caltech-101 数据集，我们不报告特征连接的结果，因为仅知道所有视图的关联矩阵。在所有测试结果中，我们只保留小数点后的前三位数字。在每个数据集上，报告了随机初始化的 K-means 聚类算法的 20 次测试运行的平均性能和标准偏差（括号中的数字）。

如表 3.4 所列，在多视图聚类算法中，Co-Reg 的聚类性能最差。这可能是因为 Co-Reg 的主要目标是为聚类问题提出一种组合多个内核（或相似矩阵）的方法，而忽略每个视图的稀疏性和噪声特征。RLKMSC 和 MLRSSC 在集群方面的表现优于 Co-Reg、RMSC 和 CSMSC。这是因为前两种算法充分利用了 Co-Reg 的优点，在学习各视图的系数矩阵时，都考虑到了数据的稀疏性和低秩的特点。这一现象表明，低秩约束和稀疏约束的组合可以产生更好的结果。

表 3.4　各算法在 5 个数据集上的聚类结果

数据集	方法	F-分数	准确率	召回率	归一化互信息	调整兰德指数
UCI Digit	最佳单视图	0.732（0.034）	0.689（0.034）	0.785（0.030）	0.796（0.021）	0.706（0.035）
	特征连接	0.718（0.040）	0.701（0.046）	0.768（0.018）	0.792（0.023）	0.701（0.041）
	Co-Reg	0.754（0.067）	0.735（0.082）	0.775（0.050）	0.783（0.033）	0.726（0.075）
	RMSC	0.762（0.051）	0.768（0.080）	0.827（0.031）	0.818（0.040）	0.713（0.048）
	CSMSC	0.795（0.045）	0.775（0.069）	0.856（0.015）	0.839（0.019）	0.788（0.056）
	MLRSSC	0.828（0.049）	0.813（0.068）	0.846（0.028）	0.848（0.025）	0.801（0.054）
	KMLRSSC	0.835（0.045）	0.820（0.066）	0.851（0.016）	0.849（0.020）	0.815（0.049）
	Centroid RLKMSC	**0.912（0.042）**	**0.911（0.068）**	**0.914（0.016）**	**0.909（0.024）**	**0.903（0.050）**
	Pairwise RLKMSC	0.894（0.061）	0.890（0.074）	0.906（0.020）	0.905（0.022）	0.885（0.055）

续表

数据集	方法	F-分数	准确率	召回率	归一化互信息	调整兰德指数
Caltech-101	最佳单视图	0.587(0.029)	0.558(0.028)	0.603(0.032)	0.575(0.032)	0.476(0.024)
	特征连接	–	–	–	–	–
	Co-Reg	0.562(0.027)	0.525(0.025)	0.594(0.029)	0.556(0.048)	0.438(0.034)
	RMSC	0.536(0.007)	0.521(0.003)	0.551(0.014)	0.519(0.007)	0.430(0.007)
	CSMSC	0.558(0.020)	0.532(0.021)	0.583(0.028)	0.559(0.025)	0.448(0.024)
	MLRSSC	0.614(0.032)	0.597(0.041)	0.658(0.031)	0.621(0.038)	0.539(0.038)
	KMLRSSC	0.656(0.025)	0.644(0.035)	0.693(0.027)	0.678(0.034)	0.601(0.027)
	Centroid RLKMSC	**0.779(0.018)**	**0.772(0.020)**	**0.787(0.025)**	**0.779(0.025)**	**0.727(0.022)**
	Pairwise RLKMSC	0.775(0.014)	0.759(0.019)	0.781(0.028)	0.768(0.027)	0.722(0.031)
Reuters	最佳单视图	0.374 (0.004)	0.355 (0.006)	0.404 (0.016)	0.317 (0.011)	0.235 (0.006)
	特征连接	0.388 (0.005)	0.361 (0.012)	0.418 (0.020)	0.333 (0.008)	0.248 (0.009)
	Co-Reg	0.374 (0.010)	0.352 (0.019)	0.416 (0.020)	0.308 (0.015)	0.231 (0.016)
	RMSC	0.368 (0.013)	0.339 (0.014)	0.407 (0.021)	0.327 (0.018)	0.237 (0.019)
	CSMSC	0.376 (0.008)	0.339 (0.011)	0.430 (0.018)	0.335 (0.023)	0.238 (0.018)
	MLRSSC	0.414 (0.012)	0.374 (0.022)	0.461 (0.026)	0.374 (0.013)	0.284 (0.016)
	KMLRSSC	0.405 (0.011)	0.389 (0.018)	0.436 (0.018)	0.382 (0.020)	0.296 (0.017)
	Centroid RLKMSC	**0.436 (0.009)**	0.384 (0.020)	**0.505 (0.022)**	**0.413 (0.017)**	0.311 (0.019)
	Pairwise RLKMSC	0.428 (0.017)	**0.392 (0.026)**	0.497 (0.027)	0.408 (0.025)	**0.322 (0.017)**
Prokaryotic	最佳单视图	0.448 (0.056)	0.574 (0.018)	0.367 (0.101)	0.350 (0.032)	0.202 (0.053)
	特征连接	0.464 (0.054)	0.582 (0.015)	0.384 (0.092)	0.348 (0.027)	0.205 (0.056)
	Co-Reg	0.468 (0.023)	0.568 (0.023)	0.398 (0.022)	0.286 (0.021)	0.213 (0.031)
	RMSC	0.447 (0.027)	0.567 (0.038)	0.369 (0.023)	0.315 (0.041)	0.198 (0.044)
	CSMSC	0.462 (0.026)	0.565 (0.024)	0.391 (0.026)	0.269 (0.022)	0.206 (0.033)
	MLRSSC	0.591 (0.016)	0.624 (0.003)	0.566 (0.036)	0.322 (0.002)	0.345 (0.016)
	KMLRSSC	0.591 (0.056)	0.725 (0.068)	0.499 (0.048)	0.437 (0.039)	0.398 (0.082)
	Centroid RLKMSC	0.691 (0.044)	**0.794 (0.064)**	0.611 (0.052)	**0.508 (0.040)**	0.529 (0.078)

续表

数据集	方法	F-分数	准确率	召回率	归一化互信息	调整兰德指数
Prokaryotic	Pairwise RLKMSC	**0.725 (0.045)**	0.726 (0.072)	**0.727 (0.056)**	0.494 (0.042)	**0.544 (0.074)**
Flower17	最佳单视图	0.328(0.006)	0.306(0.007	0.353(0.009)	0.496 (0.006)	0.283(0.007)
	特征连接	-	-	-	-	-
	Co-Reg	0.098(0.004)	0.090(0.003)	0.108(0.006)	0.13290.004)	0.039(0.002)
	RMSC	0.412(0.018)	0.403(0.016)	0.415(0.012)	0.516(0.009)	0.368(0.015)
	CSMSC	0.406(0.023)	0.408(0.018)	0.424(0.011)	0.505(0.012)	0.353(0.017)
	MLRSSC	0.431(0.020)	0.419(0.017)	0.433(0.014)	0.534(0.011)	0.379(0.019)
	KMLRSSC	0.426(0.021)	0.413(0.017)	0.424(0.017)	0.522(0.013)	0.367(0.018)
	Centroid RLKMSC	**0.454 (0.020)**	**0.444 (0.016)**	**0.464 (0.016)**	**0.585 (0.012)**	**0.419 (0.021)**
	Pairwise RLKMSC	0.436 (0.022)	0.431 (0.017)	0.441 (0.019)	0.571 (0.010)	0.400 (0.018)

另外，性能最好的两种算法 RLKMSC 和 KMLRSSC 采用了“内核策略”，可以实现非线性子空间聚类，这也是它们能够显著提高性能的原因之一。然而，这两种算法使用的“内核策略”是不同的：KMLRSSC 中使用的预定义内核不能保证（隐式）映射到特性空间的数据是低秩的；因此，不太可能形成多个低维子空间结构。我们的算法可以学习一个低秩核映射，这样在投影特征空间中的数据是低秩的。此外，在学习每个视图的表示系数的过程中，我们的模型通过 Schatten p-范数可以有效地估计出秩。同时，模型中的相关熵项抑制了数据中复杂噪声的影响，提高了模型的稳健性。单个视图的聚类性能见表 3.4，其结果优于一些多视图算法；这展示了 Schatten p-范数和相关熵对提高聚类性能的贡献。

上述的模型改进是我们的算法比其他比较算法精度更高的原因。例如，在 UCI Digit、Caltech-101、Reuters、Prokaryotic 和 Flower17 数据集上，RLKMSC 的平均归一化互信息值分别比 KMLRSSC（第二佳算法）高出 6%、10%、3%、6%和 6%。通过比较聚类性能的其他指标也得到了类似的结果。与其他数据集相比，RLKMSC 在 Reuters 数据集上的聚类性能并没有显著提高，因为该数据集中超过 95%的值为零（非常稀疏）。

根据表 3.4，一些多视图聚类算法，如特征连接和 Co-Reg，在各种数据集上的表现都比单视图算法差。这是因为多视图聚类主要利用了数据视图之间的区别性和多样性。因此，只有当数据的视图满足这一要求时，多视图聚类的性能要优于单视图聚类。然而，在实践中，这是不能保证的。因此，如何利用数据的多视图信息就显得尤为重要。

为了进一步评估我们算法的性能，我们测量了 UCI Digit 数据集上所有比较算法的计算时间①。在测试过程中，所有算法的收敛条件相同。测试结果如图 3.2 所示，显然 RLKMSC 比 CSMSC 和 KMLRSSC 更高效。虽然 RLKMSC 的计算速度不如 Co-Reg 和 RMSC 快，但 RLKMSC 的聚类精度明显高于这两种算法。

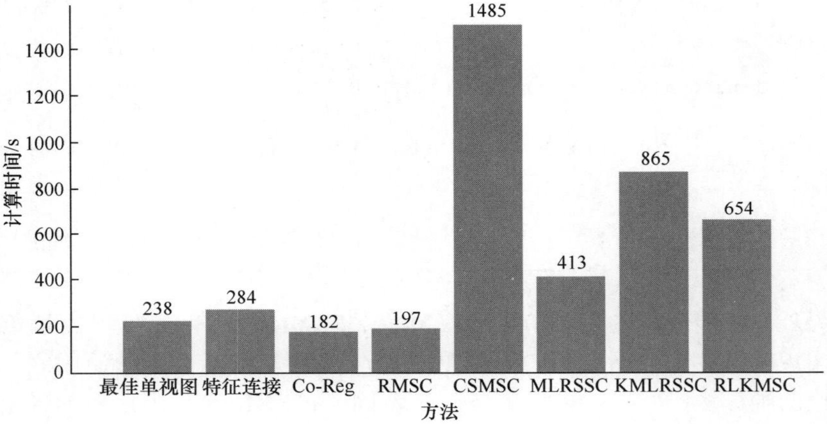

图 3.2 各算法在 UCI Digit 数据集上的计算时间

3.5.4 参数选择与收敛性验证

在我们的模型中有 3 个重要的参数：$\lambda_{i\in\{1,2,3\}}$、β 和 p，其中 λ_i 和 β 用于平衡数据项和正则项的效果。接下来，我们分析这些参数在 UCI Digit 数据集上的有效性。

我们通过同步改变 λ_i 来选择参数值，实验结果如图 3.3 所示。可以看出，当 $\lambda_1\in[0.05, 0.15]$ 且 $\lambda_3\in[0.9, 1.5]$ 时，我们的算法达到了预期的效果。图 3.4 所示为当 $\beta^{(v)}$ 取不同的值时 RLKMSC 的归一化互信息度量的聚类性能。结果显示，如果参数在适当的范围内，我们的算法可以优于其他比较算法。图 3.3 这些结果表明，RLKMSC 是稳定的。

① 图中每个算法的计算时间是超过 10 次测试运行的平均值。对于 RLKMSC，只给出了其质心正规化的计算时间，与成对正则化的计算时间非常接近。

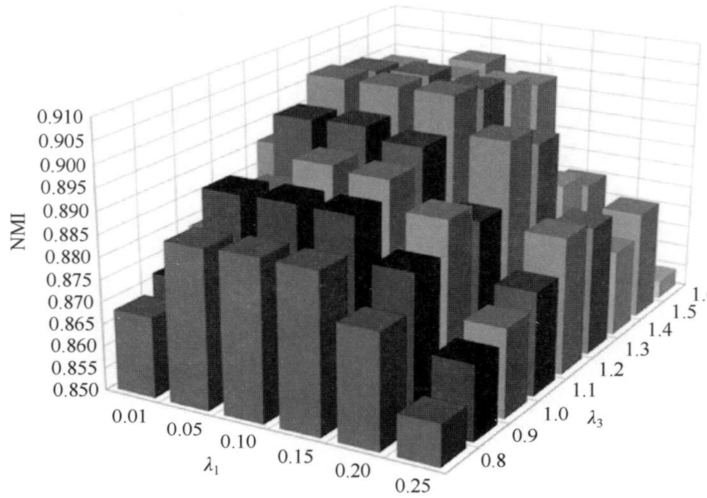

图 3.3　当固定 $\beta^{(v)}$ 并改变 $\lambda_i(i=1,3)$ 时，Centroid-based RLKMSC 的聚类性能

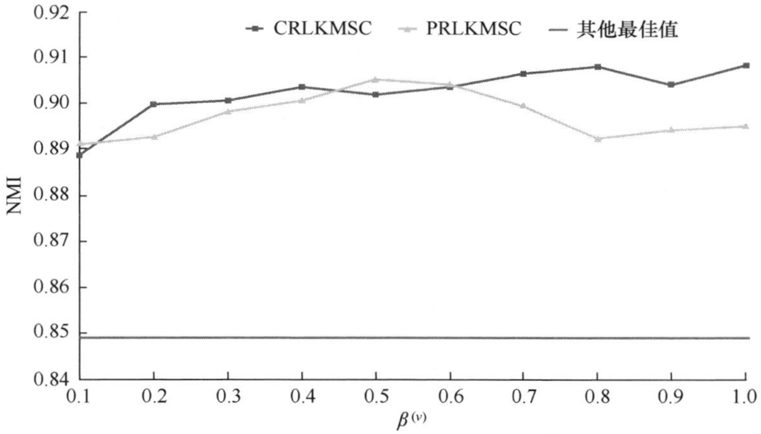

图 3.4　当固定 λ_i，$(i=1,3)$ 并改变 $\beta^{(v)}$ 时，Centroid-based RLKMSC 的聚类性能

在 2.2.1 节，我们分析了 Schatten p-范数的特点，当 p 减少时，它变得更接近秩函数。但在实际应用中，数据结构可能会被噪声破坏，更小的 p 值可能会导致数据的秩偏离实际秩。各 p 值对聚类结果的影响评价如图 3.5 所示，当 $p=0.5$ 时可以获得最佳性能。

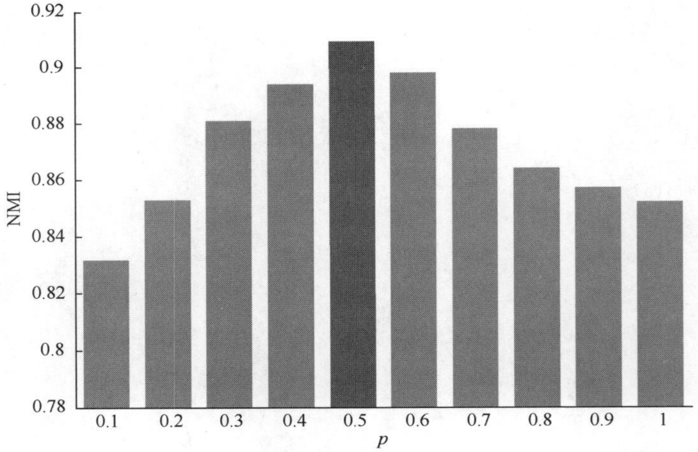

图 3.5　变化参数 p，模型 Centroid-based RLKMSC 的聚类结果

此外，我们还研究了算法的收敛性。以 Centroid-based RLKMSC 算法为代表，在每次迭代中，我们计算原始残差和目标函数式（3.5）的值。原残差计算为 $\max(\|\boldsymbol{A}-\boldsymbol{Z}_1+\mathrm{diag}(\boldsymbol{Z}_1)\|_F, \|\boldsymbol{A}-\boldsymbol{Z}_2\|_F, \|\boldsymbol{K}_G-\boldsymbol{B}^{\mathrm{T}}\boldsymbol{B}-\boldsymbol{E}\|_F, \|\mathbf{1}^{\mathrm{T}}\boldsymbol{Z}_1-\mathbf{1}^{\mathrm{T}}\|_2)$。如图 3.6 所示，我们的算法在 13 次迭代内收敛，原始残差迅速接近零。

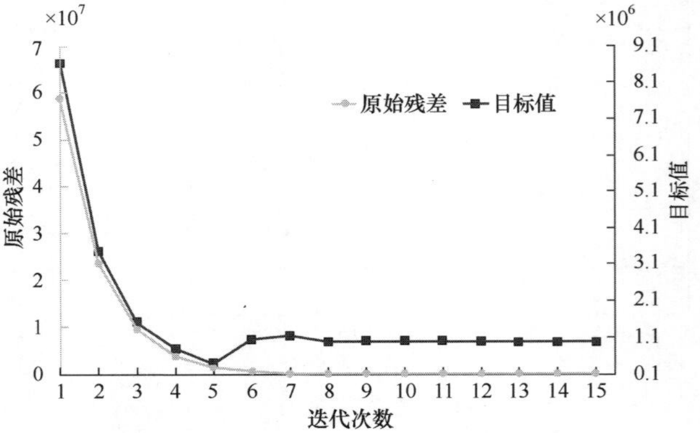

图 3.6　模型 Centroid-based RLKMSC 的收敛曲线

3.6 小　结

本章提出了一种稳健低秩核多视图子空间聚类（RLKMSC）算法，该算法

巧妙地结合了 Schatten p-范数、内核策略、相关熵及协同学习。为了充分利用多视图数据的特性，本章采用两种正则化方法来学习所有视图的联合子空间表示：基于中心的正则化方案和两两正则化方案。此外，本章还设计了一种交替最小化算法 HQ-ADMM 来求解优化问题。在 5 个数据集上的实验结果表明，本章的算法达到了最先进的性能。

作为一种新的多视图子空间聚类算法，目前仍有几个问题值得进一步研究：首先，提出的模型参数较多，使得参数值的调整更加困难，因此应探讨参数之间的关系，简化参数的调整；其次，由于不完整多视图数据处理的研究价值日益增加，如何更有效地处理缺失数据也是值得进一步研究的问题。

第4章 基于加权 Schatten p-范数最小化的异核多视图稳健子空间聚类

同一目标的不同视图表示数据包含了目标的不同特征，但各视图数据的特性是有差异的。因此，充分挖掘各视图独有的特征信息是提高多视图子空间聚类精度的有效方法，前文通过融合低秩核学习、相关熵度量和协同学习，以此获取各视图的联合表示，这种方法取得了明显的效果。然而，通过分析具体模型发现，在学习每个视图的表示矩阵时，使用的是相同的低秩核矩阵（预置内核相同)，这显然不利于获取各视图的差异性特征。此外，通过低秩约束获取的秩有大小的差异，其贡献也是有差异性的，而模型 RLKMSC 中使用 Schatten p-范数进行低秩逼近，忽略了不同秩分量的贡献的差异性，这也不利于最优解的获取。为此，本章在 RLKMSC 的基础上，进一步提出了一种基于加权 Schatten p-范数和相关熵的异核（多核）多视图子空间聚类算法，旨在有效提升多视图数据的聚类性能。

4.1 引　言

人们对从退化的观测矩阵中恢复未知低秩矩阵的兴趣迅速增长，即低秩矩阵近似（Low-Rank Matrix Approximation，LRMA）。例如，静态摄像机捕获的视频片段满足“低秩+稀疏”结构，因此可以通过 LRMA 进行背景建模。利用人体面部图像构造矩阵的低秩特性，可以对被遮挡或被破坏的人脸进行恢复[33]。基于现有的凸/非凸优化技术，针对 LRMA 提出了大量的改进模型和

改进算法[116]。一般来说，LRMA 可以通过基于因式分解的模型和基于正则化的模型来实现。在本章工作中，我们主要关注后一类。核范数是最具代表性的低秩正则化工具之一，它定义为给定矩阵 $\boldsymbol{X} \in \mathbb{R}^{D\times N}$ 的奇异值的和，即 $\|\boldsymbol{X}\|_* = \boldsymbol{\Sigma}_i|\boldsymbol{\sigma}_i(\boldsymbol{X})|_1$。根据相关文献［117］可知，核范数是原秩最小化问题的最紧凸松弛。由于其理论保障和简单的优化方案，近年来核范数最小化（Nuclear Norm Minimization，NNM）技术引起了人们极大的研究兴趣。Ji 等[39] 用低秩限制了内核，以便映射的数据可以具有尽可能多的低维子空间结构。作为该模型的扩展，Yang 等[46] 在模型中引入了熵和多核学习，并在单视图数据聚类任务中取得了良好的效果。

尽管 NNM 模型具有凸性，但已有研究表明，在存在测量噪声的情况下，这种凸松弛算法的恢复性能会下降，其解会严重偏离秩最小问题的原解。具体地说，基于 NNM 的模型会将数据的低秩成分缩小太多。因此，文献［118］中提出了利用 Schatten p-范数，其定义为奇异值的 ℓ_p-范数（$\boldsymbol{\Sigma}_i(\boldsymbol{\sigma}_i^p)^{\frac{1}{p}}$）。从理论上讲，Schatten p-范数将确保信号的更准确恢复，同时与传统的迹范数相比，仅需要更弱的受限等距特性。之后，Schatten p-范数被用于子空间聚类模型，实现强制执行低秩正则化[103]。然而，大多数基于 Schatten p-范数的模型都平等地对待所有的奇异值，在处理许多不同秩分量具有不同重要性的实际问题时，它们不够灵活。

另一种提高低秩近似性能的方法是区别对待每个秩分量，而不是像在 NNM 中一样平等地对待奇异值。最近，为了更合理地纳入不同奇异值的先验知识，Gu 等[119] 提出了一种加权核范数最小化方法来处理低秩问题（Weighted Nuclear Norm Minimization，WNNM）。在此基础上，为更好地利用低秩属性，提出了加权的 Schatten p-范数最小化（Weighted Schatten p-Norm Minimization，WSNM）方法[54,120]。这些方法的有效性已经在许多实验中得到证明，但是这些方法的主要应用范围仍然限于单视图数据。

受此启发，本章提出了一种新的多视图聚类算法，称为基于多核低秩表示的稳健多视图子空间聚类（Multiple Kernel Low-Rank Representation-based Robust Multi-view Subspace Clustering，MKLR-RMSC）。MKLR-RMSC 主要实现以下 4 个任务：①充分挖掘特征空间中不同视图提供的补充信息（采用多核/异核方法）；②特征空间中的数据包含多个低维子空间（低秩核策略）；③所有针对特定质心的视图特定表示（协同学习策略）；④有效处理数据中的非高斯噪声（相关熵度量策略）。在我们的模型中，加权的 Schatten p-范数被用于在接近原始低秩假设的同时，充分探究不同职级的影响。此外，针对不同的视图设计了不同的预定义学习核矩阵，这更有利于挖掘不同视图的唯一性和互补性信息。

本章内容如下：4.2 节简要回顾相关的工作，主要包括加权 Schatten p-范数和多核策略；4.3 节详细介绍 MKLR-RMSC 的模型及求解策略；4.4 节给出本章算法的计算复杂度分析；4.5 节在多个数据集上进行验证实验，并对实验结果进行分析；4.6 节对本章内容进行小结和讨论。

4.2 关键缩写词与相关工作

本节首先列出本章使用的关键缩写词，并简要描述了所提模型的一些相关工作，如加权 Schatten p-范数、多核技巧等。

4.2.1 关键缩写词

为了方便起见，我们在表 4.1 中总结了本章研究内容常用的关键缩写词。此外，本章内容使用的重要数学符号说明见表 3.1。

表 4.1 本章内容的关键缩写词

缩写词	含义
SSC	Sparse Subspace Clustering（稀疏子空间聚类）[31]
LRR	Low-Rank Representation（低秩表示）[33]
KSSC	Kernel Sparse Subspace Clustering（核稀疏子空间聚类）[37]
NNM	Nuclear Norm Minimization（核范数最小化）
WNNM	Weighted Nuclear Norm Minimization（加权核范数最小化）[119]
Co-Reg	Co-Regularized Multi-view Spectral Clustering（协同正则化多视图谱聚类）[75]
RMSC	Robust Multi-view Spectral Clustering（稳健多视图谱聚类）[77]
CSMSC	Convex Sparse Spectral Clustering（凸稀疏谱聚类）[80]
MLRSSC	Multi-view Low-Rank Sparse Subspace Clustering（低秩稀疏多视图子空间聚类）[83]
RLKMSC	Robust Low-rank Kernel Multi-view Subspace Clustering（稳健低秩核多视图子空间聚类）
ADMM	Alternating Direction Method of Multipliers（交替方向乘子算法）[85]
HQ	Half-Quadratic theory（半二次理论）[91]
SVD	Singular Value Decomposition（奇异值分解）

4.2.2 加权 Schatten p-范数

给定矩阵 $\boldsymbol{X} \in \mathbb{R}^{D \times N}$，其加权 Schatten p-范数可以表示为

$$\|\boldsymbol{X}\|_{\boldsymbol{w},S_p}=\left(\sum_{i=1}^{\min(D,N)}\boldsymbol{w}_i\delta_i^p\right)^{\frac{1}{p}} \tag{4.1}$$

其中：$0<p\leqslant 1$；$\boldsymbol{w}=[\boldsymbol{w}_1,\boldsymbol{w}_2,\cdots,\boldsymbol{w}_{\min(D,N)}]$为非负向量；$\delta_i$ 为第 i 大的奇异值。式(4.1) 可改写为

$$\|\boldsymbol{X}\|_{\boldsymbol{w},S_p}^p=\sum_{i=1}^{\min(D,N)}\boldsymbol{w}_i\delta_i^p=\mathrm{Tr}(\boldsymbol{W\Delta}^p) \tag{4.2}$$

式中：$\boldsymbol{W}$ 和 $\boldsymbol{\Delta}$ 都是对角矩阵，分别由 $\boldsymbol{w}_i$ 和 δ_i 组成。

4.2.3　多核策略

作为一种隐式的特性映射，“内核策略”通常用于获得一个内核 Gram 矩阵 $\boldsymbol{K}=\boldsymbol{\phi}(\boldsymbol{X})^{\mathrm{T}}\boldsymbol{\phi}(\boldsymbol{X})$，其中 $\boldsymbol{\phi}(\boldsymbol{X})$ 表示一个非线性特性映射[35]。该方法可以将原始数据空间中的非线性数据映射到具有线性子空间结构的高阶特征空间中，极大地简化了子空间聚类问题。当然，在实际应用中，特征空间中的数据维数非常高。

但是，如果直接使用内核策略，当隐式映射到高维特征空间时，很难确保数据具有低维子空间结构。因此，当使用内核策略时，我们通过对它应用低秩约束来补偿上述缺陷。同时，针对不同的视图设计不同的预定义学习核矩阵，充分利用不同视图提供的互补信息。综合考虑这些特点，基于 SSC 框架的优化模型为

$$\begin{cases}\min\limits_{\{\boldsymbol{K}^{(v)}\}_{v=1}^{n_v},\ \{\boldsymbol{Z}^{(v)}\}_{v=1}^{n_v}}\sum\limits_{v=1}^{n_v}\|\boldsymbol{\phi}^{(v)}(\boldsymbol{X}^{(v)})\|_{\boldsymbol{w},S_p}^p+\lambda\|\boldsymbol{Z}^{(v)}\|_1\\ \text{s.t. }\boldsymbol{\phi}^{(v)}(\boldsymbol{X}^{(v)})=\boldsymbol{\phi}^{(v)}(\boldsymbol{X}^{(v)})\boldsymbol{Z}^{(v)},\ \boldsymbol{Z}_{ii}^{(v)}=0,\quad v=1,2,\cdots,n_v\end{cases} \tag{4.3}$$

其中：$\boldsymbol{K}^{(v)}=\boldsymbol{\phi}^{(v)}(\boldsymbol{X}^{(v)})^{\mathrm{T}}\boldsymbol{\phi}^{(v)}(\boldsymbol{X}^{(v)})$；$\lambda$ 为平衡参数；约束 $\boldsymbol{Z}_{ii}^{(v)}=0$ 消除了将一个点写成自身的线性组合的平凡解。

4.3　MKLR-RMSC 模型与求解策略

在本节中，我们提出了一种新的稳健多视图子空间聚类算法（MKLR-RMSC）。给定一个测试样本 $\boldsymbol{X}=\{\boldsymbol{X}^{(v)}\}_{v=1}^{n_v}$，其中 $\boldsymbol{X}^{(v)}=\{\boldsymbol{X}_1^{(v)},\boldsymbol{X}_2^{(v)},\cdots,\boldsymbol{X}_N^{(v)}\}\in\mathbb{R}^{D^{(v)}\times N}$。MKLR-RMSC 主要执行以下 4 个任务：①充分利用内核空间中不同视图所提供的互补信息；②数据的特征空间包含多个低维子空间中；③使所有视图相关表示朝着一个共同的质心；④能够有效地处理数据中的非高斯噪声。

为了有效地将 MKLR-RMSC 与以往的相关算法区分开来，即 Co-Reg[75]、RM-SC[77]、CSMSC[80]、MLRSSC[83] 和 RLKMSC，我们从 4 个方面比较了这些

算法的特点，并在表 4.2 中做了说明。可以看出，MKLR-RMSC 可以学习一个自适应核来处理数据的非线性结构，不同的预定义学习核矩阵被设计用于不同的视图。因此，与现有算法相比，MKLR-RMSC 在挖掘视图之间的互补信息时可以获得更好的性能，MKLR-RMSC 的框架如图 4.1 所示。具体而言，对于每一个视图，其系数矩阵 $\boldsymbol{Z}^{(m)}$ 是在使用可学习的核映射获得的高维特征空间中独立学习的。通过使用基于质心的正则化方法，可以从每个 $\boldsymbol{Z}^{(m)}$ 中获取所有视图共享的系数矩阵 $\boldsymbol{Z}^*$。

表 4.2 各种算法特点对比

算法	非线性	学习核	核约束	多核
Co-Reg[75]	√	×	×	×
RMSC[77]	√	×	×	×
CSMSC[80]	√	×	×	×
MLRSSC[83]	√	√	×	×
RLKMSC	√	√	√	×
MKLR-RMSC	√	√	√	√

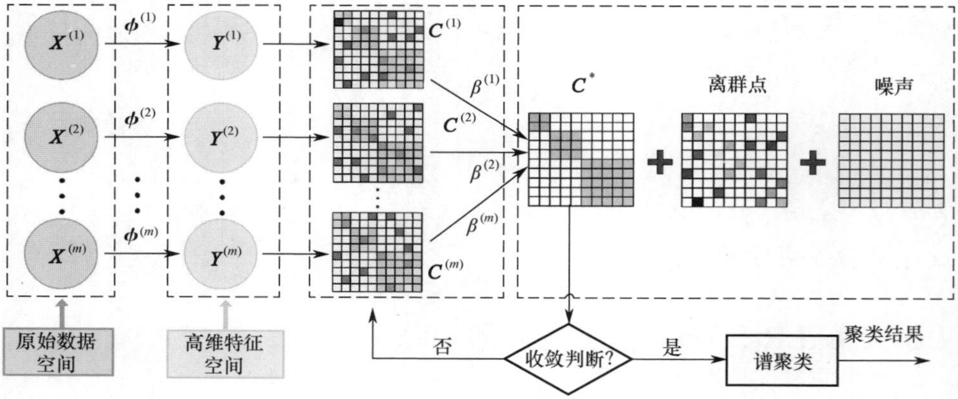

图 4.1 模型 MKLR-RMSC 模型框架（见彩图）

4.3.1 模型 MKLR-RMSC 的提出

对于数据 $\boldsymbol{X}$ 的每个视图，我们的主要任务是通过核学习获得一个映射核，保证特征空间由多个低维子空间组成，其系数矩阵 $\boldsymbol{Z}^{(m)}$ 可以通过下式获得，即

$$\begin{cases}\min\limits_{\{\boldsymbol{K}^{(v)},\ \boldsymbol{Z}^{(v)}\}_{v=1}^{n_v}} \sum\limits_{v=1}^{n_v}(\|\boldsymbol{\phi}^{(v)}(\boldsymbol{X}^{(v)})\|_{\boldsymbol{w},S_p}^{p}+\lambda\|\boldsymbol{Z}^{(v)}\|_1+\beta^{(v)}\|\boldsymbol{Z}^{(v)}-\boldsymbol{Z}^*\|_F^2)\\ \text{s.t. }\boldsymbol{\phi}^{(v)}(\boldsymbol{X}^{(v)})=\boldsymbol{\phi}^{(v)}(\boldsymbol{X}^{(v)})\boldsymbol{Z}^{(v)},\ \boldsymbol{Z}_{ii}^{(v)}=0,\quad v=1,2,\cdots,n_v\end{cases}\tag{4.4}$$

其中：$\boldsymbol{K}^{(v)}=\boldsymbol{\phi}^{(v)}(\boldsymbol{X}^{(v)})^{\mathrm{T}}\boldsymbol{\phi}^{(v)}(\boldsymbol{X}^{(v)})$；$\lambda$ 和 $\beta^{(v)}$ 为平衡参数。

受相关研究[54,83]的启发，在式（4.3）中引入了一种基于质心的正则化方法，以便通过每个 $\boldsymbol{Z}^{(m)}$ 求取所有视图共享的系数矩阵 $\boldsymbol{Z}^*$。

优化式（4.4）存在一个主要的障碍：$\|\boldsymbol{\phi}^{(v)}(\boldsymbol{X}^{(v)})\|_{\boldsymbol{w},S_p}^{P}$ 明显依赖于 $\boldsymbol{\phi}^{(v)}(\boldsymbol{X}^{(v)})$。幸运的是，这个问题可以利用重新参数化方法来解决，具体而言，将核矩阵 $\boldsymbol{K}^{(v)}$ 分解为 $\boldsymbol{K}^{(v)}=\boldsymbol{B}^{(v)\mathrm{T}}\boldsymbol{B}^{(v)}$，进而可得

$$\|\boldsymbol{B}^{(v)}\|_{\boldsymbol{w},S_p}^{p}=\|\boldsymbol{\phi}^{(v)}(\boldsymbol{X}^{(v)})\|_{\boldsymbol{w},S_p}^{P},\quad\forall\boldsymbol{B}^{(v)}:\ \boldsymbol{K}^{(v)}=\boldsymbol{B}^{(v)\mathrm{T}}\boldsymbol{B}^{(v)}\tag{4.5}$$

当数据被噪声污染时，目标函数式（4.4）可变换为

$$\begin{cases}\min\limits_{\{\boldsymbol{B}^{(v)},\ \boldsymbol{Z}^{(v)}\}_{v=1}^{n_v}} \sum\limits_{v=1}^{n_v}\left(\|\boldsymbol{B}^{(v)}\|_{\boldsymbol{w},S_p}^{p}+\lambda_1\|\boldsymbol{Z}^{(v)}\|_1+\dfrac{\lambda_2}{2}\|\boldsymbol{\phi}^{(v)}(\boldsymbol{X}^{(v)})-\right.\\ \qquad\left.\boldsymbol{\phi}^{(v)}(\boldsymbol{X}^{(v)})\boldsymbol{Z}^{(v)}\|_F^2+\beta^{(v)}\|\boldsymbol{Z}^{(v)}-\boldsymbol{Z}^*\|_F^2\right)\\ \text{s.t. }\boldsymbol{Z}_{ii}^{(v)}=0,\quad v=1,2,\cdots,n_v\end{cases}\tag{4.6}$$

显然，正则化项$\|\boldsymbol{\phi}^{(v)}(\boldsymbol{X}^{(v)})-\boldsymbol{\phi}^{(v)}(\boldsymbol{X}^{(v)})\boldsymbol{Z}^{(v)}\|_F^2$明显不再依赖 $\boldsymbol{\phi}^{(v)}(\boldsymbol{X}^{(v)})$，它可以展开为

$$\begin{aligned}&\|\boldsymbol{\phi}^{(v)}(\boldsymbol{X}^{(v)})-\boldsymbol{\phi}^{(v)}(\boldsymbol{X}^{(v)})\boldsymbol{Z}^{(v)}\|_F^2\\ &=\mathrm{Tr}(\boldsymbol{K}^{(v)}-2\boldsymbol{K}^{(v)}\boldsymbol{C}^{(v)}+\boldsymbol{C}^{(v)\mathrm{T}}\boldsymbol{K}^{(v)}\boldsymbol{C}^{(v)})\\ &=\mathrm{Tr}((\boldsymbol{I}-2\boldsymbol{Z}^{(v)}+\boldsymbol{Z}^{(v)}\boldsymbol{Z}^{(v)\mathrm{T}})\boldsymbol{B}^{(v)\mathrm{T}}\boldsymbol{B}^{(v)})\end{aligned}\tag{4.7}$$

在我们的模型中，$\boldsymbol{K}_G^{(v)}$ 和 $\boldsymbol{B}^{(v)\mathrm{T}}\boldsymbol{B}^{(v)}$ 具有相同的维度，且它们之间的误差可以用 $\boldsymbol{E}^{(v)}$ 来建模，即 $\boldsymbol{K}_G^{(v)}=\boldsymbol{B}^{(v)\mathrm{T}}\boldsymbol{B}^{(v)}+\boldsymbol{E}^{(v)}$。作为一种稳健的度量，相关熵以 $\Sigma_{i,j}\varphi(\boldsymbol{E}_{i,j}^{(v)})$ 的形式应用到我们的模型中，其中 $\boldsymbol{E}^{(v)}=\boldsymbol{K}_G^{(v)}-\boldsymbol{B}^{(v)\mathrm{T}}\boldsymbol{B}^{(v)}$。考虑到数据中可能存在仿射子空间，我们在模型中加入了仿射约束。式（4.6）可以改写为

$$\begin{cases}\min\limits_{\{\boldsymbol{B}^{(v)},\ \boldsymbol{Z}^{(v)},\ \boldsymbol{E}^{(v)}\}_{v=1}^{n_v}} \sum\limits_{v=1}^{n_v}(\|\boldsymbol{B}^{(v)}\|_{\boldsymbol{w},S_p}^{p}+\lambda_1\|\boldsymbol{Z}^{(v)}\|_1+\dfrac{\lambda_2}{2}\mathrm{Tr}[(\boldsymbol{I}-2\boldsymbol{Z}^{(v)}+\\ \boldsymbol{Z}^{(v)}\boldsymbol{Z}^{(v)\mathrm{T}})\boldsymbol{B}^{(v)\mathrm{T}}\boldsymbol{B}^{(v)}]+\lambda_3\sum\limits_{i,j}\varphi(\boldsymbol{E}_{i,j}^{(v)})+\beta^{(v)}\|\boldsymbol{Z}^{(v)}-\boldsymbol{Z}^*\|_F^2)\\ \text{s.t. }\boldsymbol{Z}_{ii}^{(v)}=0,\quad \boldsymbol{1}^{\mathrm{T}}\boldsymbol{Z}^{(v)}=\boldsymbol{1}^{\mathrm{T}},\ \boldsymbol{K}_G^{(v)}=\boldsymbol{B}^{(v)\mathrm{T}}\boldsymbol{B}^{(v)}+\boldsymbol{E}^{(v)},\ v=1,2,\cdots,n_v\end{cases}\tag{4.8}$$

其中：$\varphi(E_{i,j}^{(v)})=1-\exp\left(-\dfrac{E_{i,j}^{(v)2}}{2\sigma^2}\right)$；$\sigma$ 为高斯核的大小且 $\sigma^2=1/(2N^2\|\boldsymbol{E}^{(v)}\|_F^2)$。

通过对式（4.8）的分析可以发现，这个问题可以归结为

$$\begin{cases}\min\limits_{B^{(v)},\ Z^{(v)},\ E^{(v)}} \| B^{(v)} \|_{w,S_p}^{p} + \lambda_1 \| Z^{(v)} \|_1 + \frac{\lambda_2}{2}\mathrm{Tr}\left[(I - 2Z^{(v)} + \right. \\ \left. Z^{(v)} Z^{(v)^{\mathrm{T}}}) B^{(v)^{\mathrm{T}}} B^{(v)} \right] + \lambda_3 \sum\limits_{i,i} \varphi(E_{i,j}^{(v)}) + \beta^{(v)} \| Z^{(v)} - Z^{*} \|_F^2 \\ \text{s.t. } Z_{ii}^{(v)} = \mathbf{0},\ \mathbf{1}^{\mathrm{T}} Z^{(v)} = \mathbf{1}^{\mathrm{T}},\ K_G^{(v)} = B^{(v)^{\mathrm{T}}} B^{(v)} + E^{(v)} \end{cases} \tag{4.9}$$

4.3.2 模型 MKLR-RMSC 的优化与求解

为了简单起见，我们在式 (4.9) 中引入辅助变量 $Z_1^{(v)}$、$Z_2^{(v)}$ 和 $A^{(v)}$，进而得到

$$\begin{cases}\min\limits_{B^{(v)},\ Z_1^{(v)},\ Z_2^{(v)},\ A^{(v)},\ E^{(v)}} \| B^{(v)} \|_{w,S_p}^{p} + \lambda_1 \| Z_1^{(v)} \|_1 + \frac{\lambda_2}{2}\mathrm{Tr}\left[(I - 2A^{(v)} + A^{(v)} A^{(v)^{\mathrm{T}}}) \right. \\ \left. B^{(v)^{\mathrm{T}}} B^{(v)}) \right] + \lambda_3 \sum\limits_{i,j} \varphi(E_{i,j}^{(v)}) + \beta^{(v)} \| Z_2^{(v)} - Z^{*} \|_F^2 \\ \text{s.t. } A^{(v)} = Z_1^{(v)} - \mathbf{diag}\ (Z_1^{(v)}),\ A^{(v)} = Z_2^{(v)} \\ \qquad K_G^{(v)} = B^{(v)^{\mathrm{T}}} B^{(v)} + E^{(v)},\ \mathbf{1}^{\mathrm{T}} A^{(v)} = \mathbf{1}^{\mathrm{T}} \end{cases} \tag{4.10}$$

类似于 3.3 节所提出的模型 RLKMSC 的求解方法，我们使用 ADMM 算法框架求解式（4.10）。由于损失函数的存在，该问题难以直接解决。幸运的是，半二次技术（HQ）[91]可以很好地解决这个问题。因此，我们将 HQ 与 ADMM 巧妙地融合，提出了一种 HQ-ADMM 的方法来求解目标模型式（4.10），其增广拉格朗日函数为

$$\begin{aligned} & L(B^{(v)},\ \{Z_i^{(v)}\}_{i=1}^{2},\ A^{(v)},\ E^{(v)},\ \{Y_i^{(v)}\}_{i=1}^{3},\ y_4^{(v)}) \\ = & \| B^{(v)} \|_{w,S_p}^{p} + \lambda_1 \| Z_1^{(v)} \|_1 + \frac{\lambda_2}{2}\mathrm{Tr}\left[(I - 2A^{(v)} + A^{(v)} A^{(v)^{\mathrm{T}}}) B^{(v)^{\mathrm{T}}} B^{(v)} \right] + \\ & \lambda_3 \sum_{i,j} \varphi(E_{i,j}^{(v)}) + \beta^{(v)} \| Z_2^{(v)} - Z^{*} \|_F^2 + \mathrm{Tr}\left[Y_1^{(v)},\ A^{(v)} - Z_1^{(v)} + \mathbf{diag}(Z_1^{(v)}) \right] + \\ & \mathrm{Tr}\left[Y_2^{(v)^{\mathrm{T}}},\ A^{(v)} - Z_2^{(v)} \right] + \mathrm{Tr}\left[y_4^{(v)^{\mathrm{T}}} (\mathbf{1}^{\mathrm{T}} A^{(v)} - \mathbf{1}^{\mathrm{T}}) \right] + \\ & \mathrm{Tr}\left[Y_3^{(v)^{\mathrm{T}}},\ K_G^{(v)} - B^{(v)^{\mathrm{T}}} B^{(v)} - E^{(v)} \right] + \frac{\mu}{2}(\| A^{(v)} - Z_1^{(v)} + \mathbf{diag}(Z_1^{(v)}) \|_F^2 + \\ & \| A^{(v)} - Z_2^{(v)} \|_F^2 + \| K_G^{(v)} - B^{(v)^{\mathrm{T}}} B^{(v)} - E^{(v)} \|_F^2 + \| \mathbf{1}^{\mathrm{T}} A^{(v)} - \mathbf{1}^{\mathrm{T}} \|_2^2) \end{aligned} \tag{4.11}$$

其中：$\{Y_i^{(v)}\}_{i=1}^{3} \in \mathbb{R}^{N\times N}$ 及 $y_4 \in \mathbb{R}^{N\times N}$ 是拉格朗日乘数；μ 是正惩罚参数。

通过在固定其他变量的同时最小化公式（4.11）来交替地更新上述每个变

量。下面将提供该过程的详细信息。

1）更新 $Z_1^{(v)}$

通过固定 $\boldsymbol{B}^{(v)}$、$\boldsymbol{Z}_2^{(v)}$、$\boldsymbol{A}^{(v)}$ 和 $\boldsymbol{E}^{(v)}$，去掉与 $\boldsymbol{Z}_1^{(v)}$ 无关的项，更新 $Z_1^{(v)}$的子问题为

$$\min_{\boldsymbol{Z}_1^{(v)}} \frac{\lambda_1}{\mu} \| \boldsymbol{Z}_1^{(v)} \|_1 + \frac{1}{2} \left\| \boldsymbol{Z}_1^{(v)} - \mathbf{diag}\,(\boldsymbol{Z}_1^{(v)}) - (\boldsymbol{A}^{(v)} + \frac{\boldsymbol{Y}_1^{(v)}}{\mu}) \right\|_F^2 \tag{4.12}$$

求得其最小值为

$$\boldsymbol{Z}_1^{(v)} = \boldsymbol{\gamma} - \mathbf{diag}\,(\boldsymbol{\gamma}) \tag{4.13}$$

式中：$\gamma = T_{\frac{\lambda_1}{\mu}}\left(\boldsymbol{A}^{(v)} + \frac{Y_1^{(v)}}{\mu}\right)$，且 $T_\tau(x) = \mathrm{sign}(x) \cdot \max(|x| - \tau, 0)$。

2）更新 $\boldsymbol{Z}_2^{(v)}$

通过固定 $\boldsymbol{B}^{(v)}$、$\boldsymbol{Z}_1^{(v)}$、$\boldsymbol{A}^{(v)}$ 和$\boldsymbol{E}^{(v)}$，更新$\boldsymbol{Z}_2^{(v)}$ 的子问题为

$$\min_{\boldsymbol{Z}_2^{(v)}} \beta^{(v)} \| \boldsymbol{Z}_2^{(v)} - \boldsymbol{Z}^* \|_F^2 + \mathrm{Tr}\,(\boldsymbol{Y}_2^{(v)\mathrm{T}}(\boldsymbol{A}^{(v)} - \boldsymbol{Z}_2^{(v)})) + \frac{\mu}{2} \| \boldsymbol{A}^{(v)} - \boldsymbol{Z}_2^{(v)} \|_F^2 \tag{4.14}$$

求得其最小值为

$$\boldsymbol{Z}_2^{(v)} = ((2\beta^{(v)} + \mu)\boldsymbol{I})^{-1}(2\beta^{(v)}\boldsymbol{Z}^* + \mu\boldsymbol{A}^{(v)} + \boldsymbol{Y}_2^{(v)}) \tag{4.15}$$

3）更新 $\boldsymbol{Z}^*$

为了更新 $\boldsymbol{Z}^*$，我们需要求取式 (4.8) 对 $\boldsymbol{Z}^*$的偏导数，并将其设置为零，可得

$$\boldsymbol{Z}^* = \frac{\sum_{v=1}^{n_v} \beta^{(v)} \boldsymbol{Z}^{(v)}}{\sum_{v=1}^{n_v} \beta^{(v)}} \tag{4.16}$$

4）更新 $\boldsymbol{A}^{(v)}$

通过固定 $\boldsymbol{B}^{(v)}$、$\{\boldsymbol{Z}_i^{(v)}\}_{i=1}^2$ 和 $\boldsymbol{E}^{(v)}$， 更新$\boldsymbol{A}^{(v)}$的子问题为

$$\begin{aligned} &\min_{\boldsymbol{A}^{(v)}} \frac{\lambda_2}{2} \mathrm{Tr}\,((\boldsymbol{I} - 2\boldsymbol{A}^{(v)} + \boldsymbol{A}^{(v)}\boldsymbol{A}^{(v)\mathrm{T}})\boldsymbol{B}^{(v)\mathrm{T}}\boldsymbol{B}^{(v)}) + \mathrm{Tr}\,[\boldsymbol{Y}_1^{(v)\mathrm{T}}\boldsymbol{A}^{(v)}] + \\ &\mathrm{Tr}\,[\boldsymbol{Y}_2^{(v)\mathrm{T}}\boldsymbol{A}^{(v)}] + \mathrm{Tr}\,[\boldsymbol{y}_4^{\mathrm{T}}\mathbf{1}^{\mathrm{T}}\boldsymbol{A}^{(v)}] + \frac{\mu}{2}(\| \boldsymbol{A}^{(v)} - \boldsymbol{Z}_1^{(v)} + \mathbf{diag}\,(\boldsymbol{Z}_1^{(v)}) \|_F^2 + \\ &\| \boldsymbol{A}^{(v)} - \boldsymbol{Z}_2^{(v)} \|_F^2 + \| \mathbf{1}^{\mathrm{T}}\boldsymbol{A}^{(v)} - \mathbf{1}^{\mathrm{T}} \|_2^2) \end{aligned} \tag{4.17}$$

为了更新 $\boldsymbol{Z}^{(v)}$，我们需要求取式 (4.17) 对 $\boldsymbol{Z}^{(v)}$的偏导数， 并将其置零，可得

$$\begin{aligned} \boldsymbol{Z}^{(v)} = &[\lambda_2\boldsymbol{B}^{(v)\mathrm{T}}\boldsymbol{B}^{(v)} + 2\mu(\boldsymbol{I} + \mathbf{1}\mathbf{1}^{\mathrm{T}})]^{-1}[\lambda_2\boldsymbol{B}^{(v)\mathrm{T}}\boldsymbol{B}^{(v)} - \boldsymbol{Y}_1^{(v)} - \boldsymbol{Y}_2^{(v)} - \\ &\mathbf{1}\boldsymbol{y}_4^{(v)} + \mu(\boldsymbol{C}_1^{(v)} - \mathbf{diag}\,(\boldsymbol{C}_1^{(v)})) + \boldsymbol{C}_2^{(v)} + \mathbf{1}\mathbf{1}^{\mathrm{T}}] \end{aligned} \tag{4.18}$$

5）更新 $\boldsymbol{B}^{(v)}$

固定 $\boldsymbol{A}^{(v)}$、$\{\boldsymbol{Z}_i^{(v)}\}_{i=1}^2$ 和 $\boldsymbol{E}^{(v)}$，更新$\boldsymbol{B}^{(v)}$的问题可以表示为

$$\min_{\boldsymbol{B}^{(v)}} \| \boldsymbol{B}^{(v)} \|_{\boldsymbol{w}, S_p}^{p} + \frac{\lambda_3}{2} \| \tilde{\boldsymbol{K}}_{G1}^{(v)} - \boldsymbol{B}^{(v)\mathrm{T}} \boldsymbol{B}^{(v)} \|_F^2 \tag{4.19}$$

其中：$\tilde{\boldsymbol{K}}_{G1}^{(v)} = \boldsymbol{K}_G^{(v)} - \frac{1}{\mu}(\frac{\lambda_2}{2}(\boldsymbol{I} - 2\boldsymbol{A}^{(v)\mathrm{T}} + \boldsymbol{A}^{(v)}\boldsymbol{A}^{(v)\mathrm{T}}) - \boldsymbol{Y}_3^{(v)}) - \boldsymbol{E}^{(v)}$。

给出 $\boldsymbol{U}\Sigma\boldsymbol{V}^{\mathrm{T}} = \tilde{\boldsymbol{K}}_{G1}^{(v)}$ 且 $\Sigma = \mathbf{diag}(\delta_1, \delta_2, \cdots, \delta_N)$ 这个问题有一个封闭的解，即

$$\boldsymbol{B}^{(v)} = \boldsymbol{\Gamma}^* \boldsymbol{V}^{\mathrm{T}} \tag{4.20}$$

其中：$\boldsymbol{\Gamma}^* = \mathbf{diag}(\gamma_1^*, \gamma_2^*, \cdots, \gamma_N^*)$，$\gamma_i^* = \arg\min_{\gamma_i} \frac{\rho}{2}(\delta_i - \gamma_i^2)^2 + w_i \gamma_i^p$，$\gamma_i \in \{x \in \mathbb{R}_+ \mid x^3 - \delta_i x + \frac{w_i p}{2\rho} x^{p-1} = 0\} \cup \{0\}$。

6）更新 $\boldsymbol{E}^{(v)}$

更新 $\boldsymbol{E}^{(v)}$的子问题为

$$\min_{\boldsymbol{E}^{(v)}} \frac{\lambda_3}{\mu} \sum_{ij} \varphi(\boldsymbol{E}_{i,j}^{(v)}) + \frac{1}{2} \left\| \boldsymbol{E}^{(v)} - (\boldsymbol{K}_G^{(v)} - \boldsymbol{B}^{(v)\mathrm{T}} \boldsymbol{B}^{(v)} + \frac{\boldsymbol{Y}_3^{(v)}}{\mu}) \right\|_F^2 \tag{4.21}$$

对比式（4.21）和式（3.16）发现，我们可以利用式（3.19）来求解，其闭式解形式为

$$\boldsymbol{E}^{(v)} = (\boldsymbol{K}_G^{(v)} - \boldsymbol{B}^{(v)\mathrm{T}} \boldsymbol{B}^{(v)} + \frac{\boldsymbol{Y}_3^{(v)}}{\mu}) \cdot / (\frac{\lambda_3}{\mu} \boldsymbol{M}^{(v)} + \mathbf{1}) \tag{4.22}$$

其中：·/表示逐个元素的除运算。

7）更新 $\{\boldsymbol{Y}_i^{(v)}\}_{i=1}^3$ 和 $\boldsymbol{y}_4^{(v)}$

固定 $\boldsymbol{B}^{(v)}$、$\{\boldsymbol{C}_i^{(v)}\}_{i=1}^2$、$\boldsymbol{Z}^{(v)}$ 和 $\boldsymbol{E}^{(v)}$，拉格朗日乘子可以通过以下过程更新：

$$\begin{cases} \boldsymbol{Y}_1^{(v)} := \boldsymbol{Y}_1^{(v)} + \mu(\boldsymbol{A}^{(v)} - \boldsymbol{Z}_1^{(v)} + \mathbf{diag}(\boldsymbol{Z}_1^{(v)})) \\ \boldsymbol{Y}_2^{(v)} := \boldsymbol{Y}_2^{(v)} + \mu(\boldsymbol{A}^{(v)} - \boldsymbol{Z}_2^{(v)}) \\ \boldsymbol{Y}_3^{(v)} := \boldsymbol{Y}_3^{(v)} + \mu(\boldsymbol{K}_G^{(v)} - \boldsymbol{B}^{(v)} \boldsymbol{B}^{(v)} - \boldsymbol{E}^{(v)}) \\ \boldsymbol{y}_4^{(v)} := \boldsymbol{y}_2^{(v)} + \mu(\mathbf{1}^{\mathrm{T}} \boldsymbol{A}^{(v)} - \mathbf{1}^{\mathrm{T}}) \end{cases} \tag{4.23}$$

4.3.3 模型 MKLR-RMSC 的完整算法

变量 $\{\boldsymbol{Z}_i^{(v)}\}_{i=1}^2$、$\boldsymbol{A}^{(v)}$、$\boldsymbol{B}^{(v)}$、$\boldsymbol{E}^{(v)}$ 和（$\{\boldsymbol{Y}_i^{(v)}\}_{i=1}^3$，$\boldsymbol{y}_4^{(v)}$）可以分别通过式（4.13）、式（4.15）、式（4.18）、式（4.20）、式（4.22）、式（4.23）更新。给出一个多视图数据 X，我们可以得到联合系数矩阵 $\boldsymbol{Z}^*$。在模型 MKLR-RMSC 中，可直接计算出联合亲和矩阵，即 $\boldsymbol{A}_f = \frac{1}{2}(|\boldsymbol{Z}^*| + |\boldsymbol{Z}^*|^{\mathrm{T}})$。最后应用谱聚类算法[92]得到聚类结果。在算法 4.1 中总结了求得 MKLR-RMSC 的步骤。

算法 4.1　通过 HQ-ADMM 求解 MKLR-RMSC

输入：数据矩阵 $\boldsymbol{X}\in\mathbb{R}^{D^{(v)}\times N}$；核矩阵 $\{\boldsymbol{K}_G^{(v)}\}_{i=1}^{n_v}$；权衡参数$\{\boldsymbol{\lambda}_i\}_{i=1}^{3}$ 及 $\{\boldsymbol{\beta}^{(v)}\}_{v=1}^{n_v}$。

初始化：$\boldsymbol{A}^{(v)}=\boldsymbol{0}$，$\boldsymbol{B}^{(v)}=\sqrt{\boldsymbol{K}_G^{(v)}}$，$\{\boldsymbol{Z}_i^{(v)}\}_{i=1}^{2}=\boldsymbol{0}$，$\boldsymbol{Z}^*=\boldsymbol{0}$，$\{\boldsymbol{Y}_i^{(v)}\}_{i=1}^{3}=\boldsymbol{0}$，

$\boldsymbol{y}_4^{(v)}=\boldsymbol{0}$，$\mu_0=10^{-8}$，$\mu_m=10^{8}$，$\eta=20$，$\epsilon=10^{-5}$，$\mathrm{maxIter}=50$

① **while** 不收敛且 $t<\mathrm{maxIter}$ **do**；

② **for** $v=1$ to n_v **do**；

③ 根据式（4.13）、式（4.15）、式（4.18）、式（4.20）、式（4.22）分别更新变量 $\{\boldsymbol{Z}_i^{(v)}\}_{i=1}^{2}$、$\boldsymbol{A}^{(v)}$、$\boldsymbol{B}^{(v)}$、$\boldsymbol{E}^{(v)}$；

④ 根据式（4.23）更新拉格朗日乘子变量 $\{\boldsymbol{Y}_i^{(v)}\}_{i=1}^{3}$ 和 $\boldsymbol{y}_4^{(v)}$；

⑤ **end for**

⑥ 更新惩罚变量 $\mu=\min(\eta\mu,\ \mu_m)$；

⑦ 根据式（4.16）更新 Z^*；

⑧ 检查收敛条件：$\max(\|\boldsymbol{A}^{(v)}-\boldsymbol{Z}_1^{(v)}+\mathbf{diag}(\boldsymbol{Z}_1^{(v)})\|_\infty,\ \|\boldsymbol{A}^{(v)}-\boldsymbol{Z}_2^{(v)}\|_\infty,$

$\|\boldsymbol{K}_G^{(v)}-\boldsymbol{B}^{(v)\mathrm{T}}\boldsymbol{B}^{(v)}-\boldsymbol{E}^{(v)}\|_\infty,\ \|\mathbf{1}^{\mathrm{T}}A^{(v)}-\mathbf{1}^{\mathrm{T}}\|_\infty)\leqslant\epsilon$

⑨ **end while**；

⑩ 将谱聚类算法[92]应用到亲和度矩阵 $\boldsymbol{A}_f=\dfrac{1}{2}(|\boldsymbol{Z}^*|+|\boldsymbol{Z}^*|^{\mathrm{T}})$。

输出：将数据点分配到 k 个集群

4.4 计算复杂度分析

模型 MKLR-RMSC 可以看作是 RLKMSC 的进化版，其计算复杂度主要取决于优化过程中求取方阵的逆和奇异值分解。具体而言，对于 $N\times N$ 方阵的逆运算复杂度为 $O(N^3)$，对于 $D\times N$ 矩阵的 SVD 运算复杂度为 $O(N^3)$。在算法 4.1 中，由于更新 $\boldsymbol{Z}_2^{(v)}$、$\boldsymbol{A}^{(v)}$ 都需要进行矩阵的逆运算，所以其复杂度都为 $O(N^3)$；更新 B 需要进行 SVD 运算，所以其复杂度也为 $O(N^3)$；更新 E 涉及元素运算和内循环，其复杂度为 $O(k\times D\times N)$（k 为内循环次数）；因此，对于每个视图，MKLR-RMSC 每次迭代的计算复杂度为 $O(3N^3+k\times D\times N)$。大体看来，MKLR-RMSC 和 RLKMSC 的复杂度基本相同，但是由于前者使用的是加权 Schatten p-范数，“加权”的引入会降低模型的收敛速度。因此，在实际的时间损耗方面，MKLR-RMSC 要略高于 RLKMSC。

4.5 实验结果与分析

我们在6个广泛使用的数据集上评估了 MKLR-RMSC 的准确性、运行时间、稳健性、参数敏感性和收敛性，将 MKLR-RMSC 与目前几种较为先进的方法进行了比较，包括：Co-Reg[75]、RMSC[77]、CSMSC[80]、MLRSSC[83]和 RLKMSC。为了充分验证我们提出的方法的优越性，我们还使用了另外两个基准：①SV-Best，它表示将我们的模型应用于每个视图以获得最佳的子空间聚类；②Feat Concat，它表示将所有视图的特征直接连接起来，并对所得数据进行子空间聚类。实验平台是 MATLAB R2015b，CPU 为 Intel Core i5，RAM 为 8GB。

4.5.1 数据集简介

6个真实数据集广泛用于评估算法的性能[75,77,80,83,121]。在 3.5.1 节中已经对 Caltech-101、UCI Digit、Prokaryotic phyla 这 3 个数据集进行了介绍，这里就不再重复。其他 3 个数据集如下所述，所有数据集的统计信息见表 4.3。

表 4.3 实验所用数据集的统计信息

数据集	实例	视图	簇
Caltech-101	75	3	5
3-Sources	169	3	6
Prokaryotic	551	3	4
WebKB	1051	2	2
UCI Digit	2000	3	10
Yale	165	3	15

注：（1）**3-Sources 数据集**①：这个数据集是一个新闻文章数据集，由 3 个在线新闻来源组成，即 BBC、Reuters 和 Guardian。它由 948 篇新闻文章组成，涵盖 416 篇不同的新闻文章，并被手工划分为 6 个类。其中，3 个来源均报告了 169 件，详细可见文献［83］。

（2）**WebKB 数据集**②：这个数据集是从 Texas、Cornell、Washington、Wisconsin 4 个大学网络文档中提取的子集，它被分为 2 个班级，230 个课程页面和 821 个非课程页面[122]。

（3）**Yale 数据集**③：该数据集包含来自 15 名受试者的 165 张灰度人脸图像，每个受试者有 11 张不同面部表情或外部环境的图像。类似于文献［121］，我们提取 3 种特征：强度特征、LBP 特征和 Gabor 特征，其中后两者的维数分别为 3304 和 6750。

---

① http://mlg.ucd.ie/datasets/3sources.html。

② http://www.cs.cmu.edu/afs/cs/project.theo-20/www/data。

③ http://cvc.yale.edu/projects/yalefaces/yalefaces.html。

4.5.2　实验设置

在我们的实验中，共用到了 21 个预定义内核 $\boldsymbol{K}_G=(\boldsymbol{x}_1,\boldsymbol{x}_2)$，具体情况如下：

（1）1 个线性内核（$\boldsymbol{K}_G=\boldsymbol{x}_1^{\mathrm{T}}\boldsymbol{x}_2$）；

（2）15 个多项式内核：$\boldsymbol{K}_G=(\boldsymbol{x}_1^{\mathrm{T}}\boldsymbol{x}_2+a)^2$，其中 a 从 6 到 20 以步长 1 取值；

（3）剩下的 5 个高斯核：$\boldsymbol{K}_G=\exp\left(-\dfrac{\|x_1-x_2\|_2^2}{h\ell^2}\right)$，其中 h 数据点之间的最大距离，ℓ 选自于 $\{0.05, 0.1, 1, 10, 50\}$。

对于我们的模型，$w_i=C\sqrt{D\times N}/(\delta_i(\boldsymbol{K}_G)+\varepsilon)$，且设定 $C=10^{1/p}$，参数 p 选自于集合 $\{0.1, 0.2, 0.3, 0.4, 0.5, 0.6, 0.7, 0.8, 0.9\}$，$\lambda_i$（$i=1, 2, 3$）选自于集合 LMD = {10−3，10−2，10−1，1，10，102，103}。共识参数 $\beta^{(v)}$ 以 0.1 为步长从 0.1 到 0.9 取值，且对于每个视图我们使用相同的 $\beta^{(v)}$。

对于其他算法，我们尽可能使用原始文章中描述的算法设置。另外，我们对参数进行了调整，以获得更好的结果。

4.5.3　聚类结果与讨论

在所有实验中，我们使用 5 个指标来评估我们提出的 MKLR-RMSC 的性能：F-分数、准确率、召回率、归一化互信息和调整兰德指数。我们在 3.5.2 节已经对这几个标准进行了简单介绍，这里就不再重复说明。

我们对每个数据集重复 20 次实验，得到结果的平均值和标准差（括号中的数字），精度保留至它们的小数点后三位。对于 WebKB 数据集，由于实验结果的标准偏差非常小，所以我们将其写为零。所有测试结果见表 4.4。

表 4.4　各算法在 6 个数据上的聚类效果

数据集	方法	F-分数	准确率	召回率	归一化互信息	调整兰德指数
Caltech-101	最佳单视图	0.630（0.029）	0.608（0.028）	0.653（0.032）	0.625（0.032）	0.526（0.024）
	特征连接	–	–	–	–	–
	Co-Reg	0.557（0.027）	0.525（0.025）	0.594（0.029）	0.556（0.048）	0.438（0.034）
	RMSC	0.536（0.007）	0.521（0.003）	0.551（0.014）	0.519（0.007）	0.430（0.007）
	CSMSC	0.558（0.020）	0.532（0.021）	0.583（0.028）	0.559（0.025）	0.448（0.024）
	MLRSSC	0.614（0.032）	0.644（0.035）	0.693（0.027）	0.678（0.034）	0.601（0.027）
	RLKMSC	0.779（0.018）	0.772（0.020）	0.787（0.025）	0.779（0.025）	0.727（0.022）
	MKLR-RMSC	0.823（0.021）	0.821（0.019）	0.825（0.024）	0.806（0.027）	0.787（0.025）
3-Sources	SV-Best	0.533（0.042）	0.608（0.039）	0.475（0.056）	0.517（0.023）	0.452（0.041）
	Feat Concat	0.562（0.039）	0.573（0.032）	0.551（0.076）	0.501（0.017）	0.435（0.053）

续表

数据集	方法	F-分数	准确率	召回率	归一化互信息	调整兰德指数
3-Sources	Co-Reg	0.506（0.028）	0.551（0.052）	0.467（0.025）	0.514（0.026）	0.370（0.045）
	RMSC	0.482（0.043）	0.515（0.034）	0.453（0.036）	0.517（0.024）	0.330（0.045）
	CSMSC	0.490（0.029）	0.518（0.056）	0.464（0.027）	0.518（0.026）	0.335（0.039）
	MLRSSC	0.660（0.040）	0.707（0.051）	0.619（0.056）	0.594（0.025）	0.565（0.060）
	RLKMSC	0.638（0.038）	0.682（0.049）	0.599（0.042）	0.605（0.027）	0.583（0.039）
	MKLR-RMSC	0.731（0.037）	0.713（0.040）	0.749（0.036）	0.673（0.028）	0.640（0.037）
Prokaryotic	最佳单视图	0.549（0.030）	0.682（0.023）	0.459（0.026）	0.429（0.026）	0.339（0.062）
	特征连接	0.577（0.019）	0.676（0.026）	0.503（0.031）	0.409（0.022）	0.030（0.065）
	Co-Reg	0.468（0.023）	0.568（0.023）	0.398（0.022）	0.286（0.021）	0.213（0.031）
	RMSC	0.447（0.027）	0.567（0.038）	0.369（0.023）	0.315（0.041）	0.198（0.044）
	CSMSC	0.462（0.026）	0.565（0.024）	0.391（0.026）	0.269（0.022）	0.206（0.033）
	MLRSSC	0.591（0.016）	0.725（0.068）	0.499（0.048）	0.437（0.039）	0.398（0.082）
	RLKMSC	0.726（0.045）	0.726（0.072）	0.727（0.056）	0.494（0.042）	0.544（0.074）
	MKLR-RMSC	0.759（0.044）	0.719（0.063）	0.803（0.058）	0.532（0.037）	0.586（0.075）
WebKB	最佳单视图	0.950（0.000）	0.935（0.000）	0.966（0.000）	0.734（0.000）	0.850（0.000）
	特征连接	0.949（0.000）	0.949（0.000）	0.950（0.000）	0.742（0.000）	0.861（0.000）
	Co-Reg	0.933（0.000）	0.958（0.003）	0.910（0.001）	0.700（0.005）	0.814（0.004）
	RMSC	0.956（0.000）	0.962（0.002）	0.951（0.001）	0.759（0.004）	0.873（0.001）
	CSMSC	0.958（0.000）	0.964（0.000）	0.953（0.000）	0.761（0.000）	0.878（0.000）
	MLRSSC	0.959（0.000）	0.963（0.000）	0.956（0.000）	0.762（0.000）	0.875（0.000）
	RLKMSC	0.958（0.000）	0.959（0.000）	0.958（0.000）	0.764（0.000）	0.877（0.000）
	MKLR-RMSC	0.982（0.000）	0.968（0.000）	0.997（0.000）	0.771（0.000）	0.878（0.000）
UCI Digit	最佳单视图	0.718（0.052）	0.708（0.032）	0.797（0.030）	0.796（0.021）	0.706（0.035）
	特征连接	0.748（0.037）	0.718（0.052）	0.781（0.022）	0.803（0.030）	0.725（0.049）
	Co-Reg	0.754（0.067）	0.735（0.082）	0.775（0.050）	0.783（0.033）	0.726（0.075）
	RMSC	0.762（0.051）	0.768（0.080）	0.827（0.031）	0.818（0.040）	0.713（0.048）
	CSMSC	0.795（0.045）	0.775（0.069）	0.856（0.015）	0.839（0.019）	0.788（0.056）
	MLRSSC	0.828（0.049）	0.820（0.066）	0.851（0.016）	0.849（0.020）	0.815（0.049）
	RLKMSC	0.912（0.042）	0.911（0.068）	0.914（0.016）	0.909（0.024）	0.903（0.050）
	MKLR-RMSC	0.920（0.038）	0.932（0.069）	0.909（0.018）	0.923（0.022）	0.914（0.047）
Yale	最佳单视图	0.554（0.006）	0.537（0.005）	0.572（0.008）	0.712（0.011）	0.521（0.005）
	特征连接	0.449（0.011）	0.429（0.013）	0.471（0.011）	0.674（0.027）	0.415（0.016）
	Co-Reg	0.466（0.000）	0.455（0.004）	0.491（0.003）	0.648（0.002）	0.436（0.002）
	RMSC	0.517（0.043）	0.500（0.043）	0.535（0.044）	0.684（0.033）	0.485（0.046）
	CSMSC	0.532（0.059）	0.515（0.039）	0.551（0.027）	0.703（0.034）	0.505（0.045）
	MLRSSC	0.548（0.033）	0.528（0.026）	0.569（0.018）	0.719（0.023）	0.517（0.034）
	RLKMSC	0.564（0.019）	0.546（0.015）	0.583（0.024）	0.722（0.030）	0.542（0.027）
	MKLR-RMSC	0.607（0.009）	0.576（0.007）	0.642（0.010）	0.772（0.012）	0.583（0.008）

此外，我们在 WebKB 数据集上进行了另一个扩展实验，以证明 MKLR-RMSC 对非高斯噪声的稳健性。在这个子实验中，我们引入了缺失数据噪声，可以通过在数据集中随机设置一些数据值为零来模拟缺失数据噪声。6 种方法的聚类性能如图 4.2 所示。

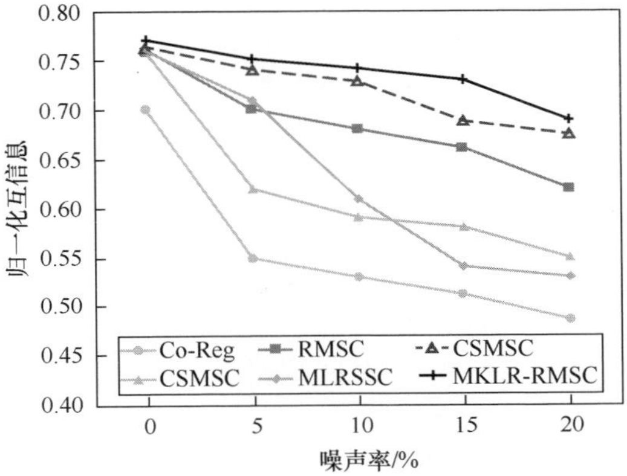

图 4.2　含有缺失数据噪声的 WebKB 数据集的聚类性能（见彩图）

为了充分利用核空间中不同视图提供的互补信息，如图 4.3 所示，针对不同的视图设计了不同的预定义学习核矩阵。在这个子实验中，使用多项式核来证明 MKLR-RMSC 在 Caltech-101 数据集（无脉冲噪声）上的性能，其中 $\boldsymbol{K}_G = (\boldsymbol{x}_1^{\mathrm{T}}\boldsymbol{x}_2 + a)^2$。

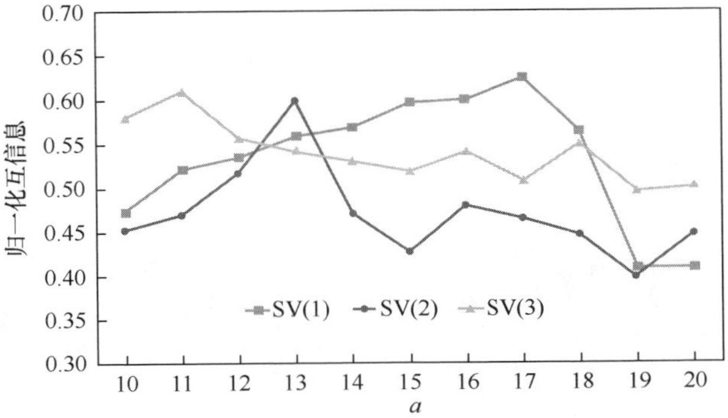

图 4.3　在 Caltech-101 数据集上的聚类性能（$b=2$）

基于在 6 个广泛使用的数据集上实验结果的有效性和稳健性（WebKB 数据集使用了两次，即没有噪声和有噪声），我们得到了以下结论。

（1）单个视图的聚类性能甚至比 Co-Reg 和 RMSC 更好。通常，多视图数据的聚类性能取决于数据视图的差异性和多样性，这是其聚类性能优于单个视图的关键。但是，这在实践中不容易获得。换句话说，如何利用多视图数据的唯一互补信息是实现多视图聚类任务的关键。

（2）在所有多视图聚类算法中，Co-Reg 的聚类性能最差。这可能是因为 Co-Reg 忽略了每个视图的稀疏性，仅考虑了多个相似矩阵的组合方法。MKLR-RMSC、RLKMSC 和 MLRSSC 的聚类性能明显优于 Co-Reg、RMSC 和 CSMSC。作为此现象的主要原因，前 3 种方法利用了 Co-Reg 的优势，并在此基础上充分考虑了多视图数据的稀疏性和低秩特征。

（3）作为两种具有最佳聚类性能的算法，MKLR-RMSC 和 RLKMSC 在有效集成稀疏和低秩约束的基础上充分发挥了自适应内核的优势。如图 4.2 所示，使用相关熵还可以提高这两种算法的稳健性。

（4）同时，当使用低秩约束内核策略时，使用加权 Schatten p-范数正则化器可以平衡各秩分量的不同重要性。如表 4.4 所列，MKLR-RMSC 的聚类效果始终显示出比 RLKMSC 更好的性能，这验证了上述分析。

（5）如图 4.3 所示，当预定义的内核参数设置为 $a_1 = 17$，$a_2 = 13$ 和 $a_3 = 10$ 时，单视图（SV）的性能中归一化互信息 度量可以达到最佳水平。因此，MKLR-RMSC 不仅可以结合以前的几种算法的优点，而且还可以针对不同的视图设计不同的预定义学习内核矩阵，从而达到最佳效果，进而充分挖掘多视图数据的互补信息。

4.5.4 参数敏感性

MKLR-RMSC 中有 5 个关键参数，即 $\lambda_i(i=1,2,3)$、$\beta^{(v)}$ 和 p 。接下来，我们以 WebKB 数据集为例来分析参数的敏感性。

(a) λ_1=0.001

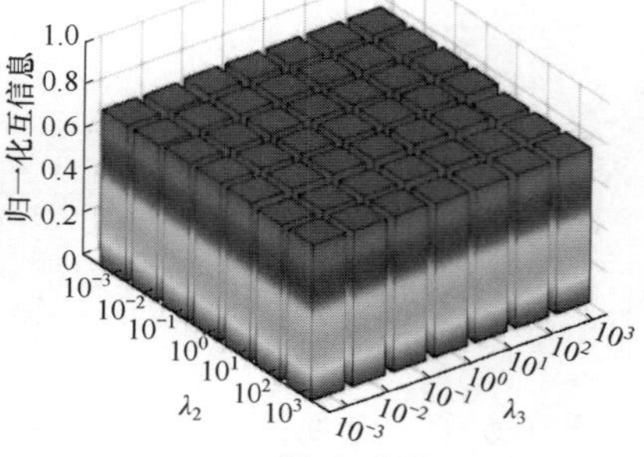

(b) λ_1=0.01

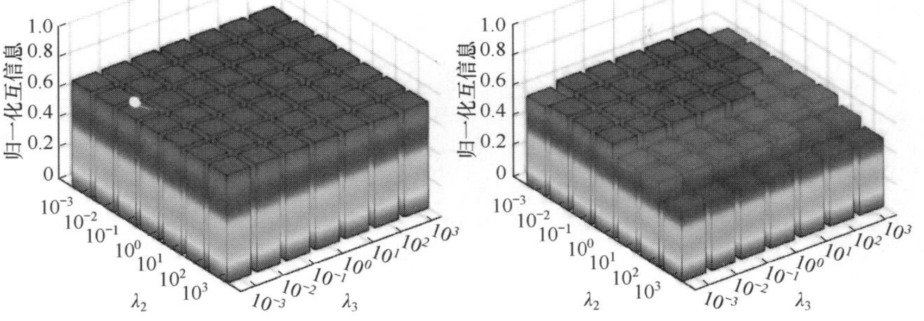

(c) λ_1=0.1　　(d) λ_1=1

图 4.4　MKLR-RMSC 在 λ_i 变化时的聚类性能（见彩图）

首先，我们必须通过同步改变 $\boldsymbol{\lambda}_i$来选择参数，同时保持参数 $\boldsymbol{\beta}^{(v)}$ 固定。图 4.4 和图 4.5 所示为当改变参数 $\boldsymbol{\lambda}_i$ 时 MKLR-RMSC 的聚类性能，其中以归一化互信息的值为参考。可以看出，$\boldsymbol{\lambda}_1$ 在性能方面起着更重要的作用，而参数 $\boldsymbol{\lambda}_2$ 和 $\boldsymbol{\lambda}_3$ 在所有实验中对性能只有轻微的影响。如图 4.5 所示，当 $\boldsymbol{\lambda}_1$ 的值从 10^{-2}变化到 10^{-4}时，最高的聚类精度对 $\boldsymbol{\lambda}_1$ 不是高度敏感的（当选择 $\boldsymbol{\lambda}_1$ 时，分别从 LMD 集合中选择 $\boldsymbol{\lambda}_2$ 和 $\boldsymbol{\lambda}_3$）。此外，我们可以清楚地看到，平均精度曲线与各自的最大精度曲线非常接近，这证实了我们的方法的高稳定性。

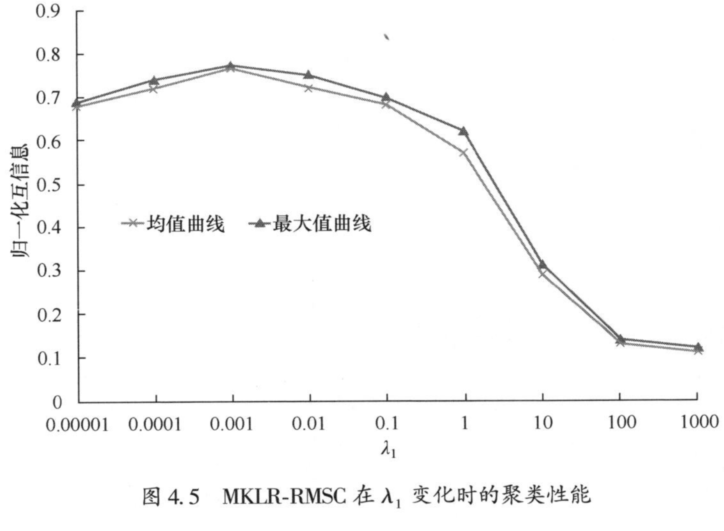

图 4.5　MKLR-RMSC 在 λ_1 变化时的聚类性能

此外，当参数 $\lambda_i(i=1,2,3)$ 固定时，我们通过改变参数 $\boldsymbol{\beta}^{(v)}$ 来分析其对聚类性能的影响。图 4.6 所示为 MKLR-RMSC 关于归一化互信息度量在 $\boldsymbol{\beta}^{(v)}$ 取不同值时的性能。显然，参数 $\boldsymbol{\beta}^{(v)}$ 直接影响聚类性能，但不敏感。

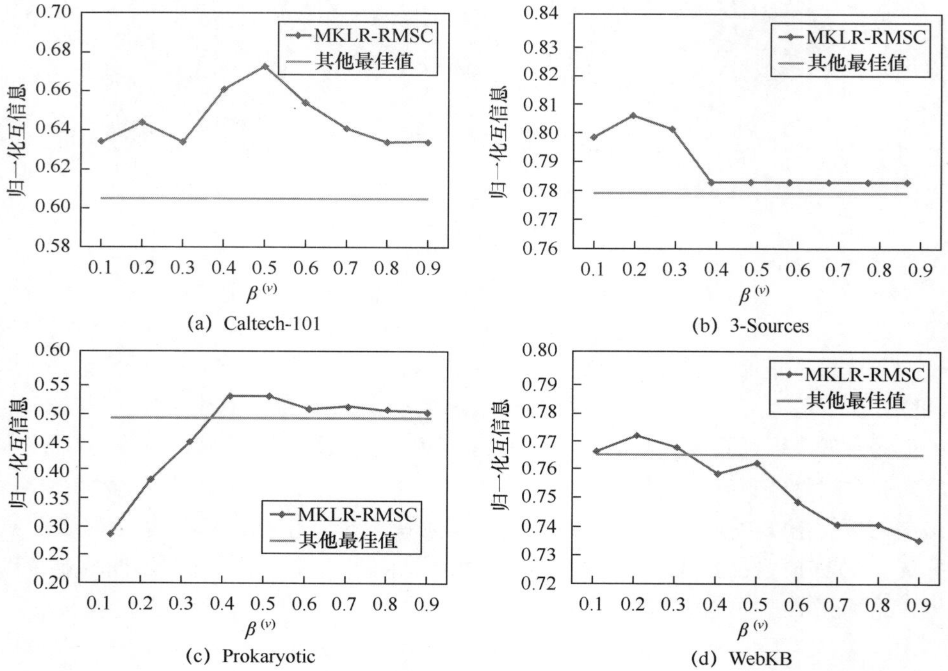

图 4.6　参数 $\boldsymbol{\beta}^{(v)}$ 对 MKLR-RMSC 聚类性能的影响

对于参数 p 的选择，在第 3 章的研究结果中有详细的描述，在此不再赘述。综上所述，这些结果证明了在适当的参数选择范围内，MKLR-RMSC 是相当稳定的。

4.5.5　收敛性验证

为了验证 MKLR-RMSC 的收敛性，我们以 WebKB 数据集为例计算每次迭代的原始残差（计算为 $\max(\|\boldsymbol{Z}-\boldsymbol{C}_1+\mathrm{diag}(\boldsymbol{C}_1)\|_F,\ \|\boldsymbol{Z}-\boldsymbol{C}_2\|_F,\ \|\boldsymbol{K}_G-\boldsymbol{J}^{\mathrm{T}}\boldsymbol{J}-\boldsymbol{E}\|_F,\ \|\mathbf{1}^{\mathrm{T}}\boldsymbol{Z}-\mathbf{1}^{\mathrm{T}}\|_2)$）和式（4.10）的目标函数值。为了便于显示，我们对所有值进行了处理，取以 10 为底的对数。如图 4.7 所示，该方法在 12 次迭代内快速收敛。在 Caltech-101、3-Sources、Prokaryotic 和 UCI Digit 数据集上进行了类似的实验，分别在大约 16、19、13 和 15 次迭代内快速收敛。由于空间的限制，

我们的方法在这 4 个数据集上的收敛性没有给出详细的说明。

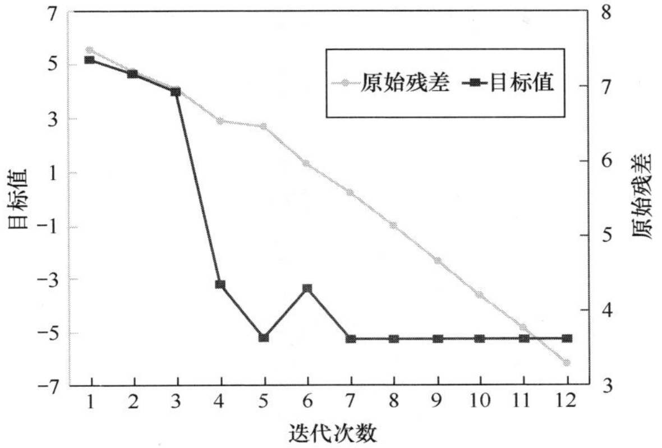

图 4.7　MKLR-RMSC 在 WebKB 数据集上的收敛曲线

4.5.6　计算性能分析

此外，计算时间也是评估算法的一个关键指标，我们对所有算法在 4 个数据集上进行了测试。对于 Caltech-101 数据集，由于其计算时间很小，所以我们没有报告该数据集的计算时间。为了增强算法之间的可比性，我们在实验过程中为每个算法设置了相同的收敛条件。如图 4.8 所示，MKLR-RMSC 的计算时间代价和聚类性能都优于 CSMSC 和 MLRSSC；虽然 Co-Reg、RMSC 和 RLKMSC 的计算时间代价比 MKLR-RMSC 低，但它们的聚类精度较差。

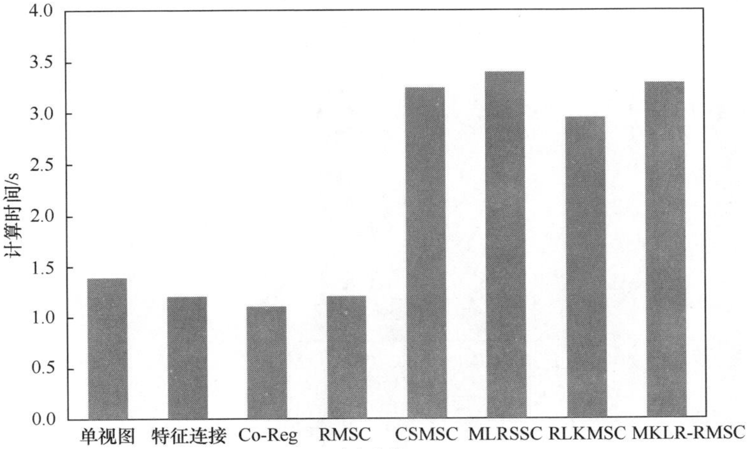

(a) 3-Sources

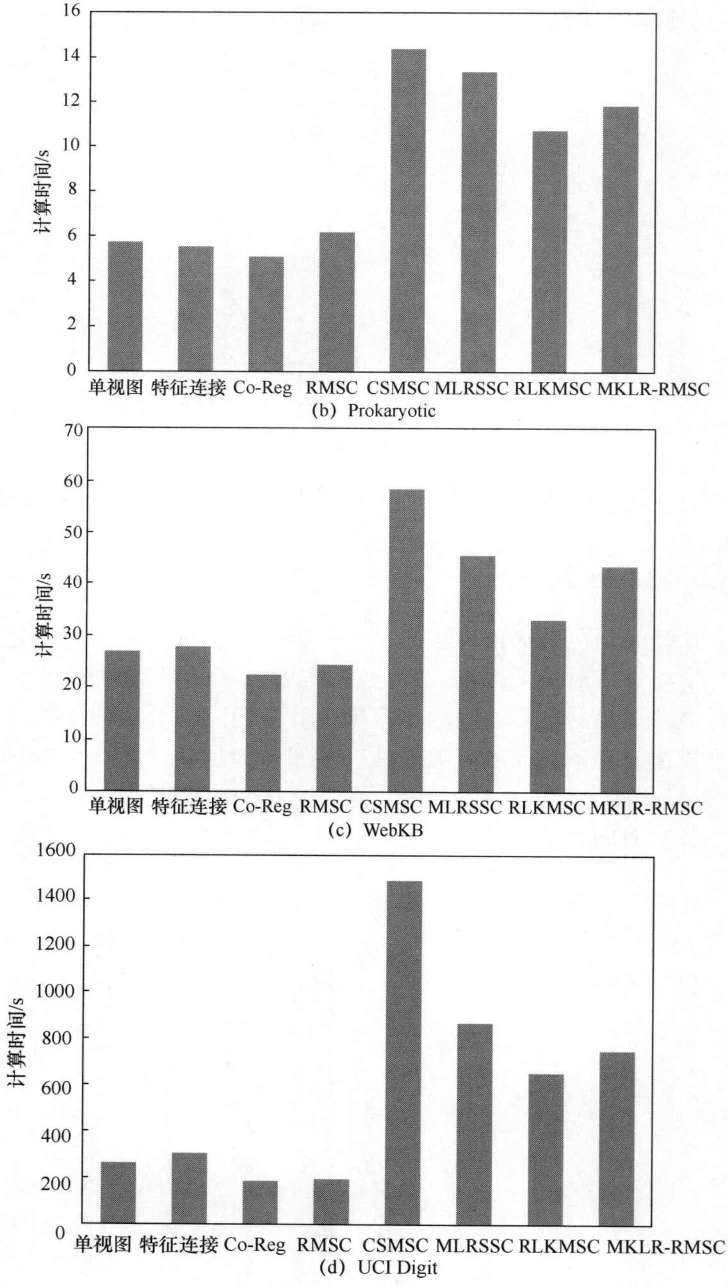

图 4.8　所有方法在 4 个数据集上的计算时间

当然，实验中使用的数据集不是很大。当前，用于大规模和高维数据的子空间聚类已经成为重要且具有挑战性的问题。随着数据大小的增加，算法的计算时间也相应增加。对于本章提出的模型，更新 B 占总时间的 1/2 以上，这严重影响了收敛速度。因此，除非设计了更高级的方法来更新 B，否则很难将这种方法应用于大规模和高维数据。当然，如果有配置较高的硬件支持，我们的模型应该能够尝试处理大规模数据。

4.6 小　结

本章针对多视图子空间聚类提出了一种稳健的基于多核低秩表示的 MKLR-RMSC 方法，该方法具有 3 个主要优点。首先，使用多内核策略来充分利用内核空间中不同视图所提供的补充信息。其次，通过向内核添加低秩约束，映射的特征空间具有多个低维子空间的特征，加权 Schatten p-范数的应用使 MKLR-RMSC 可以灵活地适应实际应用。最后，在 MKLR-RMSC 中应用了相关熵，以更好地处理数据中的非高斯噪声。此外，我们介绍了模型中参数的选择方法，并验证了它们的敏感性和 MKLR-RMSC 的收敛性。在 6 个常用的数据集上进行的广泛实验证明，在聚类准确性和稳健性方面，MKLR-RMSC 始终优于所有其他评估的先进的多视图子空间聚类方法。

除本章介绍的内容外，未来的研究将包括以下内容。

（1）由于不完整数据的聚类问题具有很大的挑战性，因此我们将开发更高级的多内核学习方法来实现不完整数据的子空间聚类任务。

（2）作为更为稳健的度量方式，将使用混合相关熵[123]处理非高斯噪声，以提高 MKLR-RMSC 的稳健性。

（3）为了扩展我们的模型以处理大规模数据，设计更有效的方法来解决 B 是一个有趣的课题，将来可能值得探索。

第5章 置信度自动加权稳健多视图子空间聚类

第3章和第4章主要介绍的多视图数据的子空间聚类模型与算法，尤其是第4章中所提出的模型 MKLR-RMSC，针对不同的视图设计了不同的预定义学习核矩阵，以便充分挖掘不同视图的唯一性和互补性信息。但是，若单独分析每个视图，其本质上依然属于“单核”的范畴。多核学习（Multiple Kernel Learning，MKL）方法[40] 因其使用的灵活性和高效性，在子空间聚类任务中的应用越来越广泛。

对于多视图数据的子空间聚类任务，充分挖掘各视图数据之间的互补特征信息是重要的研究内容。但是，当学习所有视图的共识表示时，每个视图可能具有不同的置信度。另外，由于数据的非线性和噪声污染，同一个视图中的不同样本可能具有不同的置信度。但是，大多数现有方法（包括 MKLR-RMSC）仅给每个视图分配统一的权重，并且可能仅获得次优的解决方案。在本章中，我们提出了置信度自动加权稳健多视图子空间聚类（Confidence Level Auto-Weighted Robust Multi-view Subspace Clustering，CLWRMSC）模型。具体而言，利用子空间的自我表达特性，设计了一种自适应的低秩 MKL 策略。同时，我们对从每个视图学习的表示矩阵执行块对角正则化（Block Diagonal Regularization，BDR）。此外，本章提出了一种自适应样本加权策略，该策略允许我们的模型在学习所有视图的共识表示时同时关注视图和样本的置信度，提升聚类性能。

5.1 引　言

对于聚类算法，基于单一内核的方法非常依赖于内核函数的选择。对于给定的数据集，我们没有任何关于内核函数的先验信息。因此，一些研究者进一步扩展了他们的模型，提出了多核学习方法。现有的研究表明，MKL 可以从多个基本内核构建一致内核，具有比单个内核更大的灵活性和通常更好的性能。近年来，MKL 技术在子空间聚类任务中的应用受到了越来越多研究者的关注。MKL 的关键是充分发挥每个内核的优点，这通常通过为每个基本内核分配适当的权重来实现。Huang 等[42]通过采用多亲和度矩阵提出了一种谱聚类模型（Affinity Aggregation for Spectral Clustering，AASC），这是多核聚类的成功尝试。Du 等[43]结合了 MKL 和 K-means 算法，设计了一种稳健的多内核 K-均值（Robust Multi-Kernel K-Means，RMKKM）方法，该方法能够从基本内核库中独立选择合适的内核，并提高内核设计或选择。受此启发，Kang 等[44]设计了一种高级方法并将其用于群集任务（Self-weighted Multiple Kernel Learning，SMKL），该方法能够为每个内核自动分配建议的权重，而无须引入额外的参数。与 RMKKM 类似，Kang 等[45]通过学习最佳内核设计出了 MKL 聚类方法（Spectral Clustering with Multiple Kernels，SCMK）。针对模型的稳健性，Yang 等[46]为 MKL 设计了一个熵度量加权方法，并获得了理想的聚类结果。通过充分关注基本内核之间的内部邻域结构，Zhou 等[47] 提出了一种基于邻居内核的 MKC 算法。简而言之，大量的研究结果证明 MKL 的效果和灵活性优于单核学习。值得注意的是，SMKL 是最提出的一种 MKL 方法，它使用了一种基于欧氏距离度量的核权重策略。综上所述，这些方法都有很好的性能，但是它们对脉冲噪声和非高斯噪声都非常敏感，并且学习的共识核还不足以用于聚类。并且，这些多内核聚类方法没有特别注意使用内核策略获得的数据空间是否包含多个低维子空间。

此外，基于自表达框架的子空间聚类方法出现的另一个关键问题是鼓励学习的亲和度矩阵服从用于谱聚类所需的块对角线结构。在研究文献［31,33］中，自表达系数矩阵的各种范式正则化项已被用来学习块对角解，例如，ℓ_1-范数、ℓ_2-范数和核范数。这些范数的详细信息已经在 1.3.1 节中介绍。但是，这些正则化方法有两个缺点：一是它们不能控制目标块的数量；二是由于数据中存在噪声，学习的亲和度矩阵可能不是最优的块对角，或者每个块可能不是完全连接的。为了减轻这些缺点，在相关文献［124］中提出了块对角正则化器，它鼓励亲和矩阵成为 k 块对角结构。但是，据我们所知，BDR 尚未引入多内核多视图子空间聚类方案中。

关于多视图子空间聚类的相关研究已经在 1. 3. 2 节进行了介绍，这里就不再赘述。然而，现有的方法都是为每个视图分配统一的权重，忽略同一视图下样本的置信水平也可能不同（如异常值或噪声样本的置信度应该低于未被损坏的数据的置信度），因此，仅考虑视图的均匀权重可能导致一个次优解。

综上所述，对于数据中非线性结构和复杂噪声的处理已有很多研究，但还没有一种方法能够同时处理同一视图下样本置信水平不同的问题。因此，我们的目标是设计一种新的稳健的多视图子空间聚类模型，它能同时学习样本的权值和共识表示。考虑到高维数据的非线性和噪声污染的可能性，我们提出了一种加权截断 Schatten p-范数（WTSN）正则化器，并利用 WTSN 和混合相关熵[123]设计了一种自适应低秩多核学习策略。最后，在 8 个数据集（4 个人脸聚类数据集和 4 个文本聚类数据集）上的实验结果表明，我们的模型达到了最先进的性能。

本章内容如下：5. 2 节简要回顾相关的工作，主要包括块对角正则化和混合相关熵；5. 3 节详细介绍 CLWRMSC 的模型及求解策略；5. 4 节给出本章算法的收敛性及计算复杂度分析；5. 5 节在多个数据集上进行验证实验，并对实验结果进行分析；5. 6 节对本章内容进行小结和讨论。

5. 2 相关工作

在这一节中，我们简要描述所提模型的一些相关工作，如块对角正则化和混合相关熵等。在此之前，我们先对一些符号表示进行介绍。$[\boldsymbol{A}]_+ = \max(0, \boldsymbol{A})$ 表示矩阵 $\boldsymbol{A}$ 的非负部分，$\boldsymbol{A}_{i,:}$ 表示矩阵 $\boldsymbol{A}$ 的第 i 行，$\boldsymbol{A}_{:,j}$ 表示矩阵 $\boldsymbol{A}$ 的第 j 列，$\boldsymbol{A} \succcurlyeq 0$ 表示矩阵 $\boldsymbol{A}$ 是半正定的，$\boldsymbol{A} \geqslant 0$ 表示矩阵 $\boldsymbol{A}$ 的所有元素都是非负的，$\mathrm{rank}(\boldsymbol{A})$ 表示矩阵 $\boldsymbol{A}$ 的秩，$\mathrm{Diag}(\boldsymbol{a})$ 表示对角线上的第 $\boldsymbol{i}$ 个元素为向量 $\boldsymbol{a}$ 中的第 $\boldsymbol{i}$ 个元素 $\boldsymbol{a}_i$ 。

5. 2. 1 块对角正则化

亲和度矩阵的块对角结构可以提高聚类性能，这是我们所期望的结果。这种块对角属性可以从同一个子空间收集数据，从不同子空间分离数据。但在实际应用中，数据经常受到噪声的污染，块的对角结构也被破坏。为此，Lu 等[124]巧妙地将块对角约束应用到系数矩阵中。

假设 $\boldsymbol{Z} \in \mathbb{R}^{N \times N}$ 是表示矩阵，那么它的拉普拉斯矩阵 $\boldsymbol{L_Z}$ 可以定义为 $\boldsymbol{L_Z} = \mathbf{diag}(\boldsymbol{Z}\mathbf{1}) - \boldsymbol{Z}$ 。显然，$\boldsymbol{Z}$ 的连通分量的数目与拉普拉斯矩阵的谱性质有关。假

设 $\boldsymbol{L}_Z$ 的特征值为 $\gamma_i(\boldsymbol{L}_Z)(i=1, 2, \cdots, N)$， 且按递减顺序，即 $\gamma_1(\boldsymbol{L}_Z) \geqslant \gamma_2(\boldsymbol{L}_Z) \geqslant \cdots \gamma_N(\boldsymbol{L}_Z)$。 由 $\boldsymbol{L}_Z \geqslant 0$ 可知，对于所有 i 来说都有 $\gamma_i(\boldsymbol{L}_Z) \geqslant 0$。 由此可知，当且仅当以下条件满足时，$\boldsymbol{Z}$ 有 k 个连通分量，即

$$\gamma_i(L_Z) = \begin{cases} > 0, & i = 1, 2, \cdots, N-k \\ > 0, & i = N-k+1, 2, \cdots, N \end{cases} \tag{5.1}$$

基于这样的性质，我们定义

$$\| \boldsymbol{Z} \|_{\boxed{k}} = \sum_{i=N-k+1}^{N} \gamma_i(\boldsymbol{L}_Z) \tag{5.2}$$

由式（5.2）可以看出，$\| \boldsymbol{Z} \|_{\boxed{k}} = 0$ 等价于矩阵 $\boldsymbol{Z}$ 是 k 个块对角的，所以 $\| \boldsymbol{Z} \|_{\boxed{k}}$ 可以看作是块对角矩阵结构诱导的正则化器。其中，我们使用 $\boxed{k}$ 表示块对角矩阵结构诱导，以此与 k-范数进行区分。

5.2.2　截断核范数

截断核范数（Truncated Nuclear Norm，TNN）可以准确、稳健性地逼近秩函数[55]。给定矩阵 $\boldsymbol{X} \in \mathbb{R}^{D\times N}$，其 TNN 可以表示为

$$\| \boldsymbol{X} \|_r = \sum_{i=r+1}^{\min(D, N)} \delta_i(\boldsymbol{X}) = \| \boldsymbol{X} \|_* - \mathrm{Tr}(\boldsymbol{B}_1 \boldsymbol{X} \boldsymbol{B}_2^{\mathrm{T}}) \tag{5.3}$$

假设 $\boldsymbol{X}$ 的 SVD 表示为 $\boldsymbol{U\Delta V}^{\mathrm{T}}$，其中 $\boldsymbol{U} = (\boldsymbol{u}_1, \cdots, \boldsymbol{u}_D) \in \mathbb{R}^{D\times D}$，$\boldsymbol{\Delta} \in \mathbb{R}^{D\times N}$，$K_{i,j} = \ker(x_i, x_j)$ 是由 $\delta_i(\boldsymbol{X})$ 组成的对角矩阵，$\boldsymbol{V} = (\boldsymbol{v}_1, \cdots, \boldsymbol{v}_N) \in \mathbb{R}^{N\times N}$。$\boldsymbol{B}_1 \in \mathbb{R}^{r\times N}$ 和 $\boldsymbol{B}_2 \in \mathbb{R}^{r\times N}$ 分别是 $\boldsymbol{U}$ 和 $\boldsymbol{V}$ 的前 r 列的转置矩阵，并且满足 $\boldsymbol{B}_1\boldsymbol{B}_1^{\mathrm{T}} = I_{r\times r}$ 和 $\boldsymbol{B}_2\boldsymbol{B}_2^{\mathrm{T}} = \boldsymbol{I}_{r\times r}$。

5.2.3　混合相关熵

如 2.2.2 节所述，两个任意变量 $\boldsymbol{a}$ 和 $\boldsymbol{b}$ 的相关熵可以表示为

$$V(\boldsymbol{a}, \boldsymbol{b}) = E[k_\sigma(\boldsymbol{a}, \boldsymbol{b})] \tag{5.4}$$

其中：$E[\cdot]$ 表示期望。

最广泛使用的核函数是下面的高斯核函数，即

$$k_\sigma(\boldsymbol{a}, \boldsymbol{b}) = G_\sigma(\boldsymbol{e}) = \exp\left(-\frac{\| \boldsymbol{e} \|_2^2}{2\sigma^2}\right) \tag{5.5}$$

其中：$\boldsymbol{e} = \boldsymbol{a} - \boldsymbol{b}$ 表示误差变量。

作为该方法的推广，Chen 等[123]提出了核函数为两个高斯函数混合的混合相关熵，其表达式为

$$M(\boldsymbol{a}, \boldsymbol{b}) = E[\alpha G_{\sigma_1}(\boldsymbol{e}) + (1-\alpha) G_{\sigma_2}(\boldsymbol{e})] \tag{5.6}$$

其中：σ_1 和 σ_2 为内核宽度；$0 \leqslant \alpha \leqslant 1$ 为混合系数。

特别地，当 $\sigma_1 = \sigma_2$ 时，式（5.6）等价于式（5.4）。图 5.1 所示为不同的损失函数的比较，包括绝对误差（ℓ_1-范数）、均方误差（Mean Square Error, MSE）（ℓ_2-范数）、CIM 以及混合的 CIM（MCIM）。可以看出，与其他方法相比，MCIM 可以更好地处理较大的误差。因此，混合相关熵将被用于本章所提出的模型中。

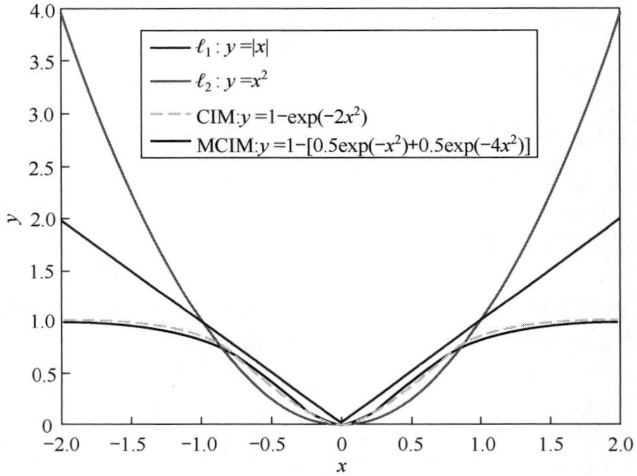

图 5.1　不同损失函数的比较（见彩图）

5.3　CLWRMSC 模型与求解策略

接下来，我们设计了一种新的置信度自动加权稳健多视图子空间聚类算法（CLWRMSC），该算法包含自适应低秩多核学习。CLWRMSC 的流程图如图 5.2 所示。首先，我们的模型通过自适应低秩多核学习（Adaptive Lowrank MKL, ALMKL）和 BDR 为每个视图独立学习系数矩阵 $\mathbf{Z}^{(v)}$。特别是我们的模型中的 MKL 策略是通过混合相关熵设计的，其中权重所有基本内核中的大部分都是根据它们与共识内核的相似性自动分配的。然后，同时考虑样本和视图的置信度，共识矩阵 $\mathbf{Z}^*$ 可以通过置信度自动加权方法（CLW）将 $\mathbf{Z}^{(v)}$ 组合起来。最后，可以使用相应的算法计算聚类结果。

为了有效地将 CLWRMSC 与一些现有的相关方法区分开来，例如，Co-Reg[75]、RMSC[77]、CSMSC[80]、MLRSSC[83]、RLKMSC 和 REPE[125]，这些方

法的特性在表 5.1 中进行了比较。由表可以看出，CLWRMSC 可以学习自适应内核来处理数据的非线性结构。此外，我们的模型在学习视图之间的共识表示时会充分考虑不同样本的置信度。因此，与现有方法相比，当挖掘视图之间的互补信息时，CLWRMSC 可以实现更好的性能。

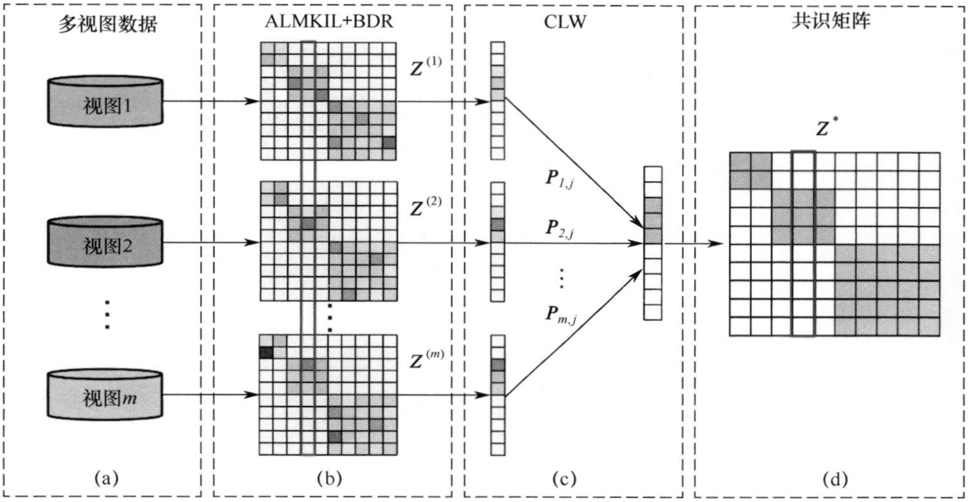

图 5.2　CLWRMSC 模型框架（见彩图）

表 5.1　各方法特点对比

方　　法	非凸的	非线性	约束核	样本置信度
Co-Reg[75]	×	√	×	×
RMSC[77]	×	√	×	×
CSMSC[80]	×	√	×	×
MLRSSC[83]	×	√	×	×
RLKMSC	√	√	√	×
REPE[125]	√	×	×	×
CLWRMSC	√	√	√	√

5.3.1　模型 CLWRMSC 的提出

如 5.1 节中所述，我们使用 BDR 作为式（1.7）的正则化项。同时，为了鼓励特征空间具有多个低维子空间，我们添加了低秩内核约束，即 $\min \operatorname{rank}(\phi(\boldsymbol{X}))$。然后，将基于内核策略的子空间聚类式（1.7）转换为

$$\begin{cases}\min\limits_{Z,K} \dfrac{1}{2}\mathrm{Tr}[(\boldsymbol{I}-2\boldsymbol{Z}-\boldsymbol{Z}\boldsymbol{Z}^{\mathrm{T}})\boldsymbol{K}]+\lambda_1\mathrm{rank}(\phi(\boldsymbol{X}))+\dfrac{\lambda_3}{2}\|\boldsymbol{Z}\|_{k} \\ \mathrm{s.t.}\ \boldsymbol{Z}_{ij}=\boldsymbol{Z}_{ji}\geqslant 0,\ \boldsymbol{Z}_{ii}=0\end{cases} \tag{5.7}$$

其中：$\boldsymbol{K}_{i,j}=\ker(x_i,x_j)$。

由上述分析可知，有效地求解低秩正则化是低秩核约束的关键之一。因此，我们提出了一种加权截断 Schatten$p$ 范数范数（WTSN）正则化，它可以利用 TNN 和 WSNM 的优点。它的定义如下。

定义 5.1（WTSN0） 对于矩阵 $\boldsymbol{X}\in\mathbb{R}^{D\times N}$，其 WTSN 可以表示为

$$\begin{aligned}\|\boldsymbol{X}\|_{\omega,r}^{p} &= \sum_{i=r+1}^{\min(D,N)}\omega_i(\delta_i(\boldsymbol{X}))^p \\ &= \sum_{i=1}^{\min(D,N)}\omega_i(\delta_i(\boldsymbol{X}))^p-\sum_{i=1}^{r}\omega_i(\delta_i(\boldsymbol{X}))^p\end{aligned} \tag{5.8}$$

其中：r 为截断阈值；$\delta i(\boldsymbol{X})$ 为 $\boldsymbol{X}$ 的第 i 个奇异值；ω_i 为其相应的权值。

定理 5.1 给定矩阵 $\boldsymbol{X}\in\mathbb{R}^{D\times N}=\boldsymbol{U}\boldsymbol{\Delta}\boldsymbol{V}^{\mathrm{T}}$，其中 $\boldsymbol{U}=(\boldsymbol{u}_1,\boldsymbol{u}_2,\cdots,\boldsymbol{u}_D)\in\mathbb{R}^{D\times D}$，$\boldsymbol{\Delta}\in\mathbb{R}^{D\times N}$，$\boldsymbol{V}=(\boldsymbol{v}_1,\cdots,\boldsymbol{v}_{\mathrm{N}})\in\mathbb{R}^{N\times N}$，那么下面的等式成立：

$$\begin{cases}\|\boldsymbol{X}\|_{w,r}^{p}=\min\limits_{\boldsymbol{B}_1\boldsymbol{B}_2}\sum\limits_{i=1}^{\min(D,N)}w_i(\delta_i(\boldsymbol{X}))^p(1-\delta_i(\boldsymbol{B}_2^T\boldsymbol{B}_1)) \\ \mathrm{s.t.}\ \boldsymbol{B}_1\boldsymbol{B}_1^{\mathrm{T}}=\boldsymbol{I}_{r\times r}、\boldsymbol{B}_2\boldsymbol{B}_2^{\mathrm{T}}=\boldsymbol{I}_{r\times r}\end{cases} \tag{5.9}$$

其中：$\boldsymbol{B}_1\in\mathbb{R}^{r\times D}$，$\boldsymbol{B}_2\in\mathbb{R}^{r\times N}$

这个问题的解为

$$\boldsymbol{B}_1=(\boldsymbol{u}_1,\cdots,\boldsymbol{u}_r)^{\mathrm{T}},\ \boldsymbol{B}_2=(\boldsymbol{v}_1,\cdots,\boldsymbol{v}_r)^{\mathrm{T}} \tag{5.10}$$

定理 5.2 给定数据矩阵 $\boldsymbol{X}\in\mathbb{R}^{N\times N}$，其特征映射记为 $\boldsymbol{\phi}(\boldsymbol{X})$ 以及核矩阵 $\boldsymbol{K}=\boldsymbol{\phi}(\boldsymbol{X})^{\mathrm{T}}\boldsymbol{\phi}(\boldsymbol{X})$。当 $0<p\leqslant 0.5$ 时，极小化 $\|\boldsymbol{K}\|_{w,r}^{p}$ 可以代替极小化 $\|\boldsymbol{\phi}(\boldsymbol{X})\|_{w,r}^{p}$，即 $\mathrm{rank}(\boldsymbol{K})=\mathrm{rank}(\boldsymbol{\phi}(\boldsymbol{X}))$。

证明： 假设 $\boldsymbol{\phi}(\boldsymbol{X})\in\mathbb{R}^{N\times N}=\boldsymbol{U}\boldsymbol{\Sigma}\boldsymbol{V}^{\mathrm{T}}$ 且 $\boldsymbol{K}\in\mathbb{R}^{N\times N}=\boldsymbol{U}\boldsymbol{\Sigma}\boldsymbol{V}^{\mathrm{T}}$，其中 $\boldsymbol{\Sigma}=\mathbf{diag}(\sigma_1,\cdots,\sigma_N)$ 且 $\boldsymbol{\Delta}=\mathbf{diag}(\delta_1,\delta_2,\cdots,\delta_N)$。由 $\boldsymbol{K}=\boldsymbol{\phi}(\boldsymbol{X})^{\mathrm{T}}\boldsymbol{\phi}(\boldsymbol{X})$ 可知，$\boldsymbol{\Delta}=\boldsymbol{\Sigma}^2$，即 $\delta i=\sigma_i^2$）。那么，可得

$$\|\boldsymbol{K}\|_{S_p}^{p}=\sum_{i=1}^{N}\delta_i^p=\sum_{i=1}^{N}\delta_i^{2p}=\|\phi(\boldsymbol{X})\|_{S_p}^{2p} \tag{5.11}$$

根据式（5.8）可知，当 $0<p\leqslant 0.5$ 时，可以用 $\|\boldsymbol{K}\|_{w,r}^{p}$ 的极小化替代 $\|\boldsymbol{\phi}(\boldsymbol{X})\|_{w,r}^{p}$ 的极小化，且当 $\boldsymbol{w}=[1,\cdots,1]$、$r=0$、$p=0.5$ 时，$\|\boldsymbol{K}\|_{\omega,r}^{p}=\|\boldsymbol{\phi}(\boldsymbol{X})\|_{*}$。

由此，定理得证。显然，$\boldsymbol{K}$ 是式（5.7）的主要部分。为了更好地应对数

据的非线性和噪声污染，我们专门设计了一种先进的 MKL 策略，其中，所有基准内核 $\boldsymbol{K}_i$ 的权重将根据它们与共识内核 $\boldsymbol{K}$ 的相似性自动分配。受相关文献[126]的启发，式（5.7）可以重写为

$$\begin{cases}\min\limits_{\boldsymbol{Z},\boldsymbol{K}}\dfrac{1}{2}\mathrm{Tr}[(\boldsymbol{I}-2\boldsymbol{Z}-\boldsymbol{Z}\boldsymbol{Z}^{\mathrm{T}})\boldsymbol{K}]+\lambda_1\|K\|_{\boldsymbol{w},r}^{p}+\dfrac{\lambda_2}{2}\left\|\boldsymbol{K}-\sum\limits_{i=1}^{m}\boldsymbol{g}_i\boldsymbol{K}_i\right\|_F^2+\dfrac{\lambda_3}{2}\|\boldsymbol{Z}\|_{\boxed{k}}\\ \text{s.t. } \boldsymbol{Z}_{ij}=\boldsymbol{Z}_{ji}\geqslant 0,\ \boldsymbol{Z}_{ii}=0,\ \boldsymbol{g}_i>0,\ \sum\limits_{i=1}^{m}\boldsymbol{g}_i=1\end{cases} \tag{5.12}$$

其中：$\boldsymbol{g}$ 为基准核的权值向量，它是通过混合相关熵（Mixture Correntropy Induced Metric，MCIM）计算得到的，即 $\boldsymbol{g}_i=\dfrac{1-\mathrm{MCIM}(\boldsymbol{K},\boldsymbol{K}_i)}{\sum\limits_{i=1}^{m}(1-\mathrm{MCIM}(\boldsymbol{K},\boldsymbol{K}_i))}$。

定义 5.2（MCIM）　对于任意两个矩阵 $\boldsymbol{M}_1\in R^{N\times N}$ 和 $\boldsymbol{M}_2\in R^{N\times N}$，$\boldsymbol{\Delta}=\boldsymbol{M}_1-\boldsymbol{M}_2$，我们可以得到 $\boldsymbol{M}_1$ 和 $\boldsymbol{M}_2$ 的 MCIM，即

$$\mathrm{MCIM}(\boldsymbol{M}_1,\boldsymbol{M}_2)=\sqrt{1-\frac{1}{N^2}\sum_{i}^{N}\sum_{j}^{N}[\alpha G_{\sigma_1}(\boldsymbol{\Delta}_{ij})+(1-\alpha)G_{\sigma_2}(\boldsymbol{\Delta}_{ij})]} \tag{5.13}$$

其中：σ_1 和 σ_2 为核宽（$0\leqslant\alpha\leqslant1$），高斯核 $G_{\sigma_1}(\boldsymbol{\Delta}_{ij})=\exp\left(-\dfrac{{\Delta_{i,j}}^2}{2\sigma^2}\right)$。

置信度加权（Confidence Level Weighting，CLW）：考虑到视图和样本的置信度，我们在式(5.12)中专门引入了一种加权策略，即 $\sum_{j=1}^{N}\boldsymbol{P}_{v,j}\|\boldsymbol{Z}_{:,j}^{(v)}-\boldsymbol{Z}_{:,j}^{*}\|_F^2$。

显然，目标任务是在一个无监督的环境中进行的，我们不能提前知道样本和视图的置信度的任何信息，手动获取样本的权值 P 是不现实的。因此，在模型优化过程中，通过添加一个正则化器 $\psi(\boldsymbol{P})$ 来更新 $\boldsymbol{P}$。另外，我们对共识表示矩阵进行稀疏约束（$\|\boldsymbol{Z}^*\|_1$），以保证其具有良好的稀疏性。综上所述，给定数据 $\boldsymbol{X}=\{\boldsymbol{X}^{(v)}\}_{v=1}^{n_v}$ 且 $\boldsymbol{X}^{(v)}=[\boldsymbol{x}_1^{(v)},\boldsymbol{x}_2^{(v)},\cdots,\boldsymbol{x}_N^{(v)}]\in\mathbb{R}^{D^{(v)}\times N}$。我们可以得到最终的子空间聚类模型，即

$$\begin{cases}\min\limits_{\boldsymbol{Z}^{(v)},\boldsymbol{K}^{(v)},\boldsymbol{P}}\sum\limits_{v=1}^{n_v}\Big\{(\dfrac{1}{2}\mathrm{Tr}[(\boldsymbol{I}-2\boldsymbol{Z}^{(v)}+\boldsymbol{Z}^{(v)}\boldsymbol{Z}^{(v)^{\mathrm{T}}})\boldsymbol{K}^{(v)}]+\lambda_1\|\boldsymbol{K}^{(v)}\|_{\boldsymbol{w},r}^{p}+\\ \dfrac{\lambda_2}{2}\|\boldsymbol{K}^{(v)}-\sum\limits_{i=1}^{m}\boldsymbol{g}_i^{(v)}|\ \boldsymbol{K}_i^{(v)}\|_F^2+\dfrac{\lambda_3}{2}\|\boldsymbol{Z}^{(v)}\|_{\boxed{k}}+\beta\sum\limits_{j=1}^{N}[\boldsymbol{P}_{v,j}\|\boldsymbol{Z}_{:,j}^{(v)}-\boldsymbol{Z}_{:,j}^{*}\|_F^2+\psi(\boldsymbol{P}_{v,j})]\Big\}+\\ \gamma\|\boldsymbol{Z}^*\|_1\\ \text{s.t. } \boldsymbol{Z}_{ij}^{(v)}=\boldsymbol{Z}_{ji}^{(v)}\geqslant 0,\ Z_{ii}^{(v)}=0,\ v=1,2,\cdots,n_v\end{cases} \tag{5.14}$$

其中：β 和 γ 为两个非负的权衡参数；$\boldsymbol{P}_{v,j} \geqslant 0$ 为第 v 个视图中第 j 个样本的置信度权值。

通过对每个视图下的每个样本适当分配权值（如对离群点和噪声样本分配较小的权值），式（5.14）中的 $\boldsymbol{Z}^*$ 可以更好地挖掘出 $\boldsymbol{Z}^{(v)}$ 中包含的互补信息。

5.3.2 模型 CLWRMSC 的优化与求解

式（5.14）可通过两个步骤进行优化：① 固定 $\boldsymbol{Z}^*$，优化 $Z^{(v)}$、$\boldsymbol{K}^{(v)}$ 和 $\boldsymbol{P}$；② 固定 $\boldsymbol{Z}^{(v)}$，优化 $\boldsymbol{Z}^*$。在步骤①中，直观来看，式（5.14）可以简化为

$$\begin{cases}\min\limits_{Z^{(v)},\ K^{(v)},\ P}\sum\limits_{v=1}^{n_v}\left\{(\frac{1}{2}\mathrm{Tr}[(\boldsymbol{I}-2\boldsymbol{Z}^{(v)}+\boldsymbol{Z}^{(v)}\boldsymbol{Z}^{(v)\mathrm{T}})\boldsymbol{K}^{(v)}]+\lambda_1\|\boldsymbol{K}^{(v)}\|_{w,r}^{p}+\frac{\lambda_2}{2}\left\|\boldsymbol{K}^{(v)}-\sum\limits_{i=1}^{m}\boldsymbol{g}_i^{(v)}\boldsymbol{K}_i^{(v)}\right\|_F^2+\right.\\ \left.\frac{\lambda_3}{2}\|\boldsymbol{Z}^{(v)}\|_{\boxed{k}}+\beta\sum\limits_{j=1}^{N}[\boldsymbol{P}_{v,j}\|\boldsymbol{Z}_{:,j}^{(v)}-\boldsymbol{Z}_{:,j}^{*}\|_F^2+\psi(P_{v,j})]\right\}+\gamma\|\boldsymbol{Z}^*\|_1\\ \text{s.t. }\boldsymbol{Z}_{ij}^{(v)}=\boldsymbol{Z}_{ji}^{(v)}\geqslant 0,\ \boldsymbol{Z}_{ii}^{(v)}=0\end{cases} \tag{5.15}$$

通常情况下，优化式（5.15）一般会采用 ADMM[85]。为此，我们需要在该模型中引入 3 个辅助变量 $A^{(v)}$、$C^{(v)}$ 和 $J^{(v)}$，式（5.14）可以转化为

$$\begin{cases}\min\limits_{A^{(v)},\ C^{(v)},\ J^{(v)},\ K^{(v)},\ P,\ Z^{(v)}}\frac{1}{2}\mathrm{Tr}[(\boldsymbol{I}-2\boldsymbol{A}^{(v)}+\boldsymbol{A}^{(v)}\boldsymbol{A}^{(v)\mathrm{T}})\boldsymbol{K}^{(v)}]+\lambda_1\|\boldsymbol{J}^{(v)}\|_{w,r}^{p}+\\ \frac{\lambda_2}{2}\left\|\boldsymbol{K}^{(v)}-\sum\limits_{i=1}^{m}\boldsymbol{g}_i^{(v)}\boldsymbol{K}_i^{(v)}\right\|_F^2+\frac{\lambda_3}{2}\|\boldsymbol{C}^{(v)}\|_k+\beta\sum\limits_{j=1}^{N}\left[\boldsymbol{P}_{v,j}\|\boldsymbol{Z}_{:,j}^{(v)}-\boldsymbol{Z}_{:,j}^{*}\|_F^2+\psi(\boldsymbol{P}_{v,j})\right]+\\ \gamma\|\boldsymbol{Z}^*\|_1\text{s.t. }\boldsymbol{A}^{(v)}=\boldsymbol{C}^{(v)},\ \boldsymbol{A}^{(v)}=\boldsymbol{Z}^{(v)},\ \boldsymbol{J}^{(v)}=\boldsymbol{K}^{(v)},\ \boldsymbol{C}_{i,j}^{(v)}=\boldsymbol{C}_{j,i}^{(v)}\geqslant 0,\ \boldsymbol{C}_{i,i}^{(v)}=0\end{cases} \tag{5.16}$$

其拉格朗日函数为

$$\begin{aligned}&L(\boldsymbol{A}^{(v)},\ \boldsymbol{C}^{(v)},\ \boldsymbol{J}^{(v)},\ \boldsymbol{K}^{(v)},\ \boldsymbol{P},\ \boldsymbol{Z}^{(v)},\ \boldsymbol{Y}_1^{(v)},\ \boldsymbol{Y}_2^{(v)})\\ &=\frac{1}{2}\mathrm{Tr}[(\boldsymbol{I}-2\boldsymbol{A}^{(v)}+\boldsymbol{A}^{(v)}\boldsymbol{A}^{(v)\mathrm{T}})\boldsymbol{K}^{(v)}]+\lambda_1\|\boldsymbol{J}^{(v)}\|_{\omega,r}^{p}+\frac{\lambda_2}{2}\left\|\boldsymbol{K}^{(v)}-\sum\limits_{i=1}^{m}\boldsymbol{g}_i^{(v)}\boldsymbol{K}_i^{(v)}\right\|_{F'}^2+\\ &\frac{\lambda_3}{2}\|\boldsymbol{C}^{(v)}\|_{\boxed{k}}+\beta\sum\limits_{j=1}^{N}[\boldsymbol{P}_{v,j}\|\boldsymbol{Z}_{:,j}^{(v)}-\boldsymbol{Z}_{:,j}^{*}\|_F^2+\psi(\boldsymbol{P}_{v,j})]+\gamma\|\boldsymbol{Z}^*\|_1+\\ &\frac{\mu}{2}\left\|\boldsymbol{A}^{(v)}-\boldsymbol{C}^{(v)}+\frac{\boldsymbol{Y}_1^{(v)}}{\mu}\right\|_F^2+\frac{\mu}{2}\left\|\boldsymbol{A}^{(v)}-\boldsymbol{Z}^{(v)}+\frac{\boldsymbol{Y}_2^{(v)}}{\mu}\right\|_F^2+\frac{\mu}{2}\left\|\boldsymbol{J}^{(v)}-\boldsymbol{K}^{(v)}+\frac{\boldsymbol{Y}_3^{(v)}}{\mu}\right\|_F^2\end{aligned} \tag{5.17}$$

其中：$\{\boldsymbol{Y}_i^{(v)}\}_{i=1}^{3} \in \mathbb{R}^{N\times N}$ 为 3 个拉格朗日乘子且 $\mu \geqslant 0$。

我们通过在固定其他变量的同时最小化公式（5.17）来交替地更新上述每个变量。下面将提供该过程的详细信息。

1）更新 $\boldsymbol{A}^{(v)}$

用于更新 $A^{(v)}$ 的子问题为

$$\min_{\boldsymbol{A}^{(v)}} \frac{1}{2}\mathrm{Tr}[(\boldsymbol{I} - 2\boldsymbol{A}^{(v)} + \boldsymbol{A}^{(v)}\boldsymbol{A}^{(v)\mathrm{T}})\boldsymbol{K}^{(v)}] + \frac{\mu}{2}\left(\left\|\boldsymbol{A}^{(v)} - \boldsymbol{C}^{(v)} + \frac{\boldsymbol{Y}_1^{(v)}}{\mu}\right\|_F^2 + \left\|\boldsymbol{A}^{(v)} - \boldsymbol{Z}^{(v)} + \frac{\boldsymbol{Y}_2^{(v)}}{\mu}\right\|_F^2\right) \tag{5.18}$$

可以求得

$$\boldsymbol{A}^{(v)} = (\boldsymbol{K}^{(v)} - 2\mu\boldsymbol{I})^{-1}(\boldsymbol{K}^{(v)} + \mu\boldsymbol{C}^{(v)} + \mu\boldsymbol{Z}^{(v)} - \boldsymbol{Y}_1^{(v)} - \boldsymbol{Y}_2^{(v)}) \tag{5.19}$$

2）更新 $\boldsymbol{C}^{(v)}$

更新 $\boldsymbol{C}^{(v)}$ 的子问题为

$$\begin{cases} \min\limits_{\boldsymbol{C}^{(v)}} \dfrac{\lambda_3}{2}\|\boldsymbol{C}^{(v)}\|_k + \dfrac{\mu}{2}\left\|\boldsymbol{A}^{(v)} - \boldsymbol{C}^{(v)} + \dfrac{\boldsymbol{Y}_1^{(v)}}{\mu}\right\|_F^2 \\ \text{s.t. } \boldsymbol{C}_{i,j}^{(v)} = \boldsymbol{C}_{j,i}^{(v)} \geqslant 0,\ \boldsymbol{C}_{i,i}^{(v)} = 0 \end{cases} \tag{5.20}$$

定理 5.3[124]　设 $\boldsymbol{L} \in \mathbb{R}^{N\times N}$，且 $\boldsymbol{L} \geqslant \boldsymbol{0}$，则有

$$\begin{cases} \sum\limits_{i=N-k+1}^{N} \chi_i(\boldsymbol{L}) = \min\limits_{Q}\langle \boldsymbol{L}, \boldsymbol{Q}\rangle \\ \text{s.t. } 0 \leqslant \boldsymbol{Q} \leqslant \boldsymbol{I},\ \mathrm{Tr}(\boldsymbol{Q}) = k \end{cases} \tag{5.21}$$

那么，$\|\boldsymbol{C}^{(v)}\|_{\boxed{k}}$ 可以用凸形式重新表述，即

$$\|\boldsymbol{C}^{(v)}\|_{\boxed{k}} = \sum_{i=N-k+1}^{N} \chi_i(\boldsymbol{L}_C) \tag{5.22}$$

其中：$\boldsymbol{L}_C = \mathrm{Diag}(\boldsymbol{C}\boldsymbol{1}) - \boldsymbol{C}$ 为 $\boldsymbol{C}$ 的拉普拉斯矩阵；$\chi_i(\boldsymbol{L}_C)$ 为 $\boldsymbol{L}_C$ 的特征值且按递减顺序排列。

根据定理 5.3，式（5.20）可以转化为

$$\begin{cases} \min\limits_{\boldsymbol{C}^{(v)},\,\boldsymbol{Q}^{(v)}} \dfrac{\lambda_3}{2}\left\langle \mathrm{Diag}(\boldsymbol{C}^{(v)}1 - \boldsymbol{C}^{(v)}, \boldsymbol{Q}^{(v)})\right\rangle + \dfrac{\mu}{2}\left\|\boldsymbol{A}^{(v)} - \boldsymbol{C}^{(v)} + \dfrac{\boldsymbol{Y}_1^{(v)}}{\mu}\right\|_F^2 \\ \text{s.t. } \boldsymbol{C}_{i,j}^{(v)} = \boldsymbol{C}_{j,i}^{(v)} \geqslant 0,\ \boldsymbol{C}_{i,i}^{(v)} = 0,\ 0 \leqslant \boldsymbol{Q}^{(v)} \leqslant \boldsymbol{I},\ \mathrm{Tr}(\boldsymbol{Q}^{(v)}) = k \end{cases} \tag{5.23}$$

设 $\boldsymbol{C}^{(v)^t}$、$\boldsymbol{Q}^{(v)^t}$ 为第 t 次迭代的结果，那么第 $t+1$ 次迭代的结果可以通过如下方法求解。

① 通过固定 $\boldsymbol{C}^{(v)} = \boldsymbol{C}^{(v)^t}$ 来优化 $\boldsymbol{Q}^{(v)^{t+1}}$，即

$$\begin{cases}\min\limits_{S^{(v)}} \dfrac{\lambda_3}{2}\left\langle \mathrm{Diag}(\boldsymbol{C}^{(v)}\boldsymbol{1}) - \boldsymbol{C}^{(v)},\ \boldsymbol{Q}^{(v)} \right\rangle \\ \text{s.t. } \boldsymbol{0} \leqslant \boldsymbol{Q}^{(v)} \leqslant \boldsymbol{I},\ \mathrm{Tr}(\boldsymbol{Q}^{(v)}) = k\end{cases} \tag{5.24}$$

可得

$$\boldsymbol{Q}^{(v)^{t+1}} = \boldsymbol{V}^* \boldsymbol{V}^{*\mathrm{T}} \tag{5.25}$$

其中：$\boldsymbol{V}^* = \boldsymbol{S}(:,\ N-k+1:\ N) \in \mathbb{R}^{N\times k}$ 且 $\mathrm{Diag}(\boldsymbol{C}^{(v)}\boldsymbol{1}) - \boldsymbol{C}^{(v)} = \boldsymbol{S\Lambda S}^{\mathrm{T}}$[127]。

② 通过固定 $\boldsymbol{Q}^{(v)} = \boldsymbol{Q}^{(v)^{t+1}}$ 来优化 $\boldsymbol{C}^{(v)t+1}$，即

$$\begin{cases}\min\limits_{\boldsymbol{C}^{(v)}} \dfrac{\lambda_3}{2}\left\langle \mathrm{Diag}(\boldsymbol{C}^{(v)}\boldsymbol{1}) - \boldsymbol{C}^{(v)},\ \boldsymbol{Q}^{(v)} \right\rangle + \dfrac{\mu}{2}\left\| \boldsymbol{A}^{(v)} - \boldsymbol{C}^{(v)} + \dfrac{\boldsymbol{Y}_1^{(v)}}{\mu} \right\|_F^2 \\ \text{s.t. } \boldsymbol{C}_{i,j}^{(v)} = \boldsymbol{C}_{j,i}^{(v)} \geqslant 0,\ \boldsymbol{C}_{i,i}^{(v)} = 0\end{cases} \tag{5.26}$$

式（5.26）等价于

$$\begin{cases}\min\limits_{\boldsymbol{C}^{(v)}} \dfrac{1}{2}\| \boldsymbol{C}^{(v)} - \boldsymbol{M}^{(v)} \|_F^2 \\ \text{s.t. } \boldsymbol{C}_{i,j}^{(v)} = \boldsymbol{C}_{j,i}^{(v)} \geqslant 0,\ \boldsymbol{C}_{i,i}^{(v)} = 0\end{cases} \tag{5.27}$$

其中：$\boldsymbol{M}^{(v)} = \boldsymbol{A}^{(v)} + \dfrac{\boldsymbol{Y}_1^{(v)}}{\mu} - \dfrac{\lambda_3}{2\mu}(\mathbf{diag}(\boldsymbol{Q}^{(v)})\boldsymbol{1}^{\mathrm{T}} - \boldsymbol{Q}^{(v)})$。

其最优解为

$$\boldsymbol{C}^{(v)t+1} = [(\hat{\boldsymbol{M}}^{(v)} + \hat{\boldsymbol{M}}^{(v)^{\mathrm{T}}})/2]_+ \tag{5.28}$$

其中：$\hat{\boldsymbol{M}}^{(v)} = \boldsymbol{M}^{(v)} - \mathrm{Diag}(\mathbf{diag}(\boldsymbol{M}^{(v)}))$。

证明：根据 $\boldsymbol{C}_{ij}^{(v)} = \boldsymbol{C}_{ji}^{(v)}$ 可知 $\| \boldsymbol{C}^{(v)} - \hat{\boldsymbol{M}}^{(v)} \|_F^2 = \| \boldsymbol{C}^{(v)} - \hat{\boldsymbol{M}}^{(v)\mathrm{T}} \|_F^2$，则有

$$\begin{aligned}&\frac{1}{2}\| \boldsymbol{C}^{(v)} - \hat{\boldsymbol{M}}^{(v)} \|_F^2 \\ =&\frac{1}{4}\| \boldsymbol{C}^{(v)} - \hat{\boldsymbol{M}}^{(v)} \|_F^2 + \frac{1}{4}\| \boldsymbol{C}^{(v)} - \hat{\boldsymbol{M}}^{(v)^{\mathrm{T}}} \|_F^2 \geqslant \\ &\frac{1}{2}\| \boldsymbol{C}^{(v)} - (\hat{\boldsymbol{M}}^{(v)} + \hat{\boldsymbol{M}}^{(v)^{\mathrm{T}}})/2 \|_F^2\end{aligned} \tag{5.29}$$

该式的解为

$$\boldsymbol{C}^{(v)^*} = \max\left(0,\ \frac{(\hat{\boldsymbol{M}}^{(v)} + \hat{\boldsymbol{M}}^{(v)^{\mathrm{T}}})}{2}\right) \tag{5.30}$$

3）更新 $\boldsymbol{J}^{(v)}$

更新 $\boldsymbol{J}^{(v)}$ 的子问题为

$$\min_{\boldsymbol{J}^{(v)}} \lambda_1 \| \boldsymbol{J}^{(v)} \|_{\boldsymbol{w},r}^{p} + \frac{\mu}{2}(\| \boldsymbol{J}^{(v)} - \boldsymbol{H}^{(v)} \|_F^2) \tag{5.31}$$

其中：$\boldsymbol{H}^{(v)} = \boldsymbol{K}^{(v)} - \dfrac{\boldsymbol{Y}_3^{(v)}}{\mu}$。

考虑到 $f(\delta(\boldsymbol{J}^{(v)}))\sum_{i=1}^{\min(m,n)} w_i\delta_i^p(\boldsymbol{J}^{(v)})(1-\delta_i(\boldsymbol{B}_2^{\mathrm{T}}\boldsymbol{B}_1))$ 的非凸性，我们可以用局部极小化[128]的方法来有效地求解它。受相关文献[129]的启发，对 $f(\delta(\boldsymbol{J}^{(v)}))$ 采用一阶泰勒公式，将优化问题式（5.31）转化为

$$\boldsymbol{J}^{(v)} = \underset{\boldsymbol{J}^{(v)}}{\operatorname{argmin}} \frac{1}{2} \| \boldsymbol{H}^{(v)} - \boldsymbol{J}^{(v)} \|_F^2 + \frac{\lambda_1}{\mu}\sum_{i=1}^{\min(D,N)} h_i\delta_i(\boldsymbol{J}^{(v)}) \tag{5.32}$$

其中：$h_i = w_i p(\delta_i(\boldsymbol{J}^{(v)}))^{p-1}(1-\delta_i(\boldsymbol{B}_2^{\mathrm{T}}\boldsymbol{B}_1))$。

该问题近似于 WNNM，但其权重的上升使得 WNNM 不适合直接求解式（5.32）。幸运的是，我们可以利用以下引理得到问题式（5.32）的闭式解。

引理 5.1　给定 $\boldsymbol{U\Delta V}^{\mathrm{T}} = \boldsymbol{Y} \in \mathbb{R}^{D\times N}$，极小化问题 $\min \boldsymbol{J} \frac{1}{2}\| \boldsymbol{Y} - \boldsymbol{J}\|_F^2 + \eta\sum_{i=1}^{\min(m,n)} h_i\delta_i(\boldsymbol{J})$ 的解为 $S_{\boldsymbol{h},\eta} = \boldsymbol{U}\max\{\Delta - \eta\,\mathbf{diag}(\boldsymbol{h}),\ 0\}\boldsymbol{V}^{\mathrm{T}}$。

根据引理 **5.1**，优化问题式（5.32）的解为

$$\boldsymbol{J}^{(v)} = \boldsymbol{U}\max\{\Delta - \eta\,\mathbf{diag}(\boldsymbol{h}),\ 0\}\boldsymbol{V}^{\mathrm{T}} \tag{5.33}$$

其中：$\boldsymbol{U\Delta V}^{\mathrm{T}}$ 是 $\boldsymbol{H}^{(v)}$ 的 SVD。详细的更新过程见算法 5.1。本章将 T 设置为 1。

算法　5.1 更新 $\boldsymbol{J}^{(v)\,t+1}$

需要：$\boldsymbol{B}_1^t$、$\boldsymbol{B}_2^t$、$\boldsymbol{J}^{(v)^t}$、$\boldsymbol{K}^{(v)^t}$、$\boldsymbol{Y}_3^{(v)^t}$、μ，λ_3。

初始化：$\boldsymbol{J}^0 = \boldsymbol{J}^{(v)^t}$。

① **for** $k = 1, 2, \cdots, T$ **do**；

② 更新 $\boldsymbol{h}^k = \boldsymbol{w}p(\delta(\boldsymbol{J}^{k-1}))^{p-1}(1-\delta(\boldsymbol{B}_2^{t^{\mathrm{T}}}\boldsymbol{B}_1^t))$；

③ 利用式（5.33）更新 $\boldsymbol{J}^k$；

④ 更新 $k = k+1$；

⑤ **end for**。

确保：$\boldsymbol{J}^{(v)\,t+1} = \boldsymbol{J}^k$。

4）更新 $\boldsymbol{K}^{(v)}$

$\boldsymbol{K}^{(v)}$ 可以通过求解下式进行更新，即

$$\min_{\boldsymbol{K}^{(v)}} \frac{1}{2}\mathrm{Tr}[(\boldsymbol{I}-2\boldsymbol{A}^{(v)}+\boldsymbol{A}^{(v)}\boldsymbol{A}^{(v)\mathrm{T}})\boldsymbol{K}^{(v)}]+\frac{\lambda_2}{2}\|\boldsymbol{K}^{(v)}-\sum_{i=1}^{m}\boldsymbol{g}_i^{(v)}\boldsymbol{K}_i^{(v)}\|_F^2+\frac{\mu}{2}\left(\left\|\boldsymbol{J}^{(v)}-\boldsymbol{K}^{(v)}+\frac{\boldsymbol{Y}_3^{(v)}}{\mu}\right\|\right)_F^2 \tag{5.34}$$

它的闭式解为

$$\boldsymbol{K}^{(v)}=\left(\lambda_2\sum_{i=1}^{m}\boldsymbol{g}_i^{(v)}\boldsymbol{K}_i^{(v)}+\mu\boldsymbol{J}^{(v)}+\boldsymbol{Y}_3^{(v)}-\frac{\boldsymbol{I}}{2}+\boldsymbol{A}^{(v)\mathrm{T}}+\frac{\boldsymbol{A}^{(v)}\boldsymbol{A}^{(v)\mathrm{T}}}{2}\right)/(\mu+\lambda_2) \tag{5.35}$$

其中：$\boldsymbol{g}_i^{(v)}=\dfrac{1-\mathrm{MCIM}(\boldsymbol{K}^{(v)},\ \boldsymbol{K}_i^{(v)})}{\sum_{i=1}^{r}(1-\mathrm{MCIM}(\boldsymbol{K}^{(v)},\ \boldsymbol{K}_i^{(v)}))}$。

5）更新 $\boldsymbol{P}$

更新 $\boldsymbol{P}$ 的子问题为

$$\min_{\boldsymbol{P}_{v,j}\geqslant 0}\boldsymbol{P}_{v,j}\ell_{v,j}+\psi(\boldsymbol{P}_{v,j}) \tag{5.36}$$

其中：$\ell_{v,j}=\|\boldsymbol{Z}_{:,j}^{(v)}-\boldsymbol{Z}_{:,j}^{*}\|_F^2$。

定理 5.4 式（5.36）与潜函数 $\varphi(\ell)=-\psi^*(-\ell)$ 有关，其中 $\psi^*(\cdot)$ 为函数 $\psi(\cdot)$ 的凸共轭表示[130]。

受此启发，我们可以定义 $\psi(p)=\xi p+\dfrac{1}{p}-2$，其中 ξ 是非负超参数，$\psi(p)$ 是 $p>0$ 的凸函数。因此，最优权值矩阵的求解如下：

$$\boldsymbol{P}_{v,\,j}=\frac{1}{\sqrt{\xi+\beta\|\boldsymbol{Z}_{:,j}^{(v)}-\boldsymbol{Z}_{:,j}^{*}\|_F^2}} \tag{5.37}$$

其中：$1\leqslant v\leqslant n_v(1\leqslant j\leqslant N)$ 且 $\xi=10^{-5}$。

6）更新 $\boldsymbol{Z}^{(v)}$

更新 $\boldsymbol{Z}^{(v)}$ 的子问题为

$$\min_{\boldsymbol{Z}^{(v)}}\beta\sum_{j=1}^{N}\boldsymbol{P}_{v,j}\|\boldsymbol{Z}_{:,j}^{(v)}-\boldsymbol{Z}_{:,j}^{*}\|_F^2+\frac{\mu}{2}\|\boldsymbol{A}^{(v)}-\boldsymbol{Z}^{(v)}+\frac{\boldsymbol{Y}_2^{(v)}}{\mu}\|_F^2 \tag{5.38}$$

求得其闭式解为

$$\boldsymbol{Z}_{:,\,j}^{(v)}=(2\beta\boldsymbol{P}_{v,j}\boldsymbol{Z}_{:,j}^{*}+\mu\boldsymbol{A}_{:,j}^{(v)}+\boldsymbol{Y}_{2:,j}^{(v)})/(\mu+2\beta\boldsymbol{P}_{v,j}) \tag{5.39}$$

7）更新 $\boldsymbol{Z}^*$

此时，式（5.14）可以转化为

$$\min_{\boldsymbol{Z}^*}\beta\sum_{v=1}^{n_v}\sum_{j=1}^{N}\boldsymbol{P}_{v,j}\|\boldsymbol{Z}_{:,j}^{(v)}-\boldsymbol{Z}_{:,j}^*\|_F^2+\gamma\|\boldsymbol{Z}^*\|_1 \tag{5.40}$$

这个子问题的唯一解为

$$\boldsymbol{Z}_{i,j}^*=\begin{cases}\dfrac{2\beta\sum_{v=1}^{n_v}\boldsymbol{P}_{v,j}\boldsymbol{Z}_{i,j}^{(v)}-\gamma}{2\beta\sum_{v=1}^{n_v}\boldsymbol{P}_{v,j}}, & \sum_{v=1}^{n_v}\boldsymbol{P}_{v,j}\boldsymbol{Z}_{i,j}^{(v)}>\dfrac{\gamma}{2\beta}\\ \dfrac{2\beta\sum_{v=1}^{n_v}\boldsymbol{P}_{v,j}\boldsymbol{Z}_{i,j}^{(v)}+\gamma}{2\beta\sum_{v=1}^{n_v}\boldsymbol{P}_{v,j}}, & \sum_{v=1}^{n_v}\boldsymbol{P}_{v,j}\boldsymbol{Z}_{i,j}^{(v)}<\dfrac{-\gamma}{2\beta}\\ 0, & \text{其他}\end{cases} \tag{5.41}$$

其中：$1\leqslant i\leqslant N$，$1\leqslant j\leqslant N$。

8）更新 $\boldsymbol{Y}_1^{(v)}$、$\boldsymbol{Y}_2^{(v)}$ 和 $\boldsymbol{Y}_3^{(v)}$

$\boldsymbol{Y}_1^{(v)}$、$\boldsymbol{Y}_2^{(v)}$ 和 $\boldsymbol{Y}_3^{(v)}$ 可以通过下式更新：

$$\begin{cases}\boldsymbol{Y}_1^{(v)}:=\boldsymbol{Y}_1^{(v)}+\mu(\boldsymbol{A}^{(v)}-\boldsymbol{C}^{(v)})\\ \boldsymbol{Y}_2^{(v)}:=\boldsymbol{Y}_2^{(v)}+\mu(\boldsymbol{A}^{(v)}-\boldsymbol{Z}^{(v)})\\ \boldsymbol{Y}_3^{(v)}:=\boldsymbol{Y}_3^{(v)}+\mu(\boldsymbol{J}^{(v)}-\boldsymbol{K}^{(v)})\end{cases} \tag{5.42}$$

5.3.3　模型 MKLR-RMSC 的完整算法

通过上述步骤，可以迭代更新 $\boldsymbol{A}^{(v)}$、$\boldsymbol{B}^{(v)}$、$\boldsymbol{J}^{(v)}$、$\boldsymbol{K}^{(v)}$、$\boldsymbol{P}$、$\boldsymbol{Z}^{(v)}$、$\boldsymbol{Z}^*$ 以及 $\boldsymbol{Y}_i^{(v)}$。这个过程需要不断重复，直到目标函数接近收敛或达到最大迭代。然后，利用 $\boldsymbol{A}_f$ 进行谱聚类算法[92]进而得到聚类结果，其中 $\boldsymbol{A}_f=\frac{1}{2}(|\boldsymbol{Z}^*|+|\boldsymbol{Z}^*|^{\mathrm{T}})$。我们在算法 5.2 中总结了这些步骤。

算法 5.2　求解 CLWRMSC 用于多视图聚类

输入： $\boldsymbol{X}\in\mathbb{R}^{D^{(v)}\times N}$、$k$、$\{\boldsymbol{K}_i^{(v)}\}_{i=1}^m$、$\{\boldsymbol{\lambda}_i\}_{i=1}^3$、$\beta$ 和 γ

初始化： $\boldsymbol{A}^{(v)}=\boldsymbol{0}$，$\boldsymbol{C}^{(v)}=\boldsymbol{0}$，$\boldsymbol{J}^{(v)}=\boldsymbol{0}$，$\boldsymbol{K}^{(v)}=\frac{1}{m}\sum_{i=1}^m\boldsymbol{K}_i^{(v)}$，$\{\boldsymbol{g}_i^{(v)}\}_{i=1}^m=\frac{1}{m}$，

$\{\boldsymbol{Z}^{(v)}\}_{i=1}^{2}=\mathbf{0}$, $t=1, \mu=10^{-6}, \mu_m=10^8, \eta=20, \epsilon=10^{-3}, \mathrm{Iter}_m=50$。

① **while** 不收敛且 $t<\mathrm{maxIter}$ **do**；

② **for** $v=1$ to n_v **do**；

③ 通过求解式（5.19）更新 $\boldsymbol{A}^{(v)}$；

④ 通过求解式（5.25）和式（5.28）分别更新 $\boldsymbol{Q}^{(v)}$ 和 $\boldsymbol{C}^{(v)}$；

⑤ 通过求解式（5.33）更新 $\boldsymbol{J}^{(v)}$；

⑥ 通过求解式（5.35）更新 $\boldsymbol{K}^{(v)}$；

⑦ 通过求解式（5.37）更新 $\boldsymbol{P}$；

⑧ 通过求解式（5.39）更新 $\boldsymbol{Z}^{(v)}$；

⑨ 通过求解式（5.42）更新 $\{\boldsymbol{Y}_i^{(v)}\}_{i=1}^{3}$；

⑩ **end for**；

⑪ 更新惩罚变量 $\mu=\min(\eta\mu, \mu_m)$；

⑫ 通过求解式（5.41）更新 $\boldsymbol{Z}^*$；

⑬ 检查收敛条件：$\max(\|\boldsymbol{A}^{(v)}-\boldsymbol{C}^{(v)}\|_\infty, \|\boldsymbol{A}^{(v)}-\boldsymbol{Z}^{(v)}\|_\infty, \|\boldsymbol{J}^{(v)}-\boldsymbol{K}^{(v)}\|_\infty)\leqslant\varepsilon$；

⑭ **end while**；

⑮ 将谱聚类算法[92] 应用到亲和度矩阵 $\boldsymbol{A}_f=\frac{1}{2}(|\boldsymbol{Z}^*|+|\boldsymbol{Z}^*|^{\mathrm{T}})$。

输出：将数据点分配到 k 个集群。

5.4 收敛性与计算复杂度分析

5.4.1 收敛性分析

接下来，我们给出了算法 5.2 中第 4 步（非凸的 BDR 求解问题）的收敛保证。我们把式（5.23）记为 $f(\boldsymbol{C}, \boldsymbol{Q})$，令 $\boldsymbol{Q}_1=\{\boldsymbol{C}\,\|\,\boldsymbol{C}_{ij}=\boldsymbol{C}_{ji}\geqslant 0, \boldsymbol{C}_{ii}=0\}$、$Q_2=\{\boldsymbol{Q}\,\|\,0\leq\boldsymbol{Q}\leq\boldsymbol{I}, \mathrm{Tr}(\boldsymbol{Q})=k\}$。将 Q_1 和 Q_2 的指标函数分别表示为 $l_{Q_1}(\boldsymbol{C})$ 和 $\mathrm{l}_{Q_2}(\boldsymbol{C})$。那么，可以得到

$$f(\boldsymbol{C}^{t+1}, \boldsymbol{Q}^{t+1})+l_{Q_1}(\boldsymbol{C}^{t+1})+l_{Q_2}(\boldsymbol{Q}^{t+1})\leqslant f(\boldsymbol{C}^t, \boldsymbol{Q}^t)+ l_{Q_1}(\boldsymbol{C}^t)+l_{Q_2}(\boldsymbol{Q}^t)-\frac{\lambda_3}{2}\|\boldsymbol{C}^{t+1}-\boldsymbol{C}^t\|_F^2 \tag{5.43}$$

因此，算法 5.2 获得的序列 $\{\boldsymbol{Q}^t, \boldsymbol{C}^t\}$ 至少有一个极值（$\boldsymbol{Q}^*$，$\boldsymbol{C}^*$）是

式（5.23）的驻点。算法 5.2 的收敛性是可以保证的，5.5.5 节的实验也验证了这一点。

5.4.2　计算复杂度分析

算法 5.2 表明由于矩阵的逆运算，$\boldsymbol{A}^{(v)}$ 的复杂度为 $O(N^3)$ 。$\boldsymbol{C}^{(v)}$ 的更新包含了 SVD 操作，所以它的总复杂度为 $O(N^3+N)$ 。类似于 $\boldsymbol{Q}^{(v)}$ ，更新 $\boldsymbol{J}^{(v)}$ 的复杂度是 $O(N^3)$ 。更新 $\boldsymbol{K}^{(v)}$、 $\boldsymbol{Z}^{(v)}$ 和 $\boldsymbol{Z}^*$ 的计算复杂度皆为 $O(N^2)$ 。更新 $\boldsymbol{Y}_1^{(v)}$、$\boldsymbol{Y}_2^{(v)}$ 和 $\boldsymbol{Y}_3^{(v)}$ 需要 $O(3N)$ 。因此，对于每个迭代，CLWRMSC 的计算复杂度约为 $O(n_v(3N^3+2N^2+4N)+N^2)$，算法 5.2 的计算复杂度约为 $O(n_v \cdot t \cdot N^3)$，其中 t 表示迭代的次数。

5.5　实验与结果分析

接下来，我们通过大量实验从多个方面评估 CLWRMSC 的性能。具体来说，我们的模型主要包括 3 个部分：自适应低秩多核学习（ALMKL）、块对角表示（BDR）和置信度自动加权。为了更好地验证前两部分的性能，我们对式（5.12）进行消融研究，可以将其视为 CLWRMSC 模型的单视图形式。本章使用的所有数据库都是标准数据库。所有实验都是在 PC 上进行的，我们的实验平台是 MATLAB R2015b，CPU 为 Intel Core i5，RAM 为 8GB。

5.5.1　数据集简介

我们使用 8 个标准数据集来评估我们算法的性能，其中的 4 个多视图数据集已经分别在 3.5.1 节和 4.5.1 节中做了介绍，这里不再赘述。特别地，其中有 4 个单视图数据集，这是用来进行消融研究的，所有数据集的统计信息显示在表 5.2 中。图 5.3 显示了 4 个图像数据集中的部分样本。

(a) Yale

(b) Jaffe

(c) Caltech-101

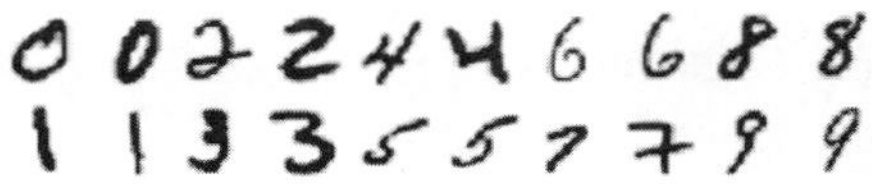

(d) UCI Digit

图 5.3　不同数据集的示例图像

表 5.2 实验所用数据集的统计信息

数据集		Yale	Jaffe	TR11	TR41	Caltech-101	3-Sources	UCI Digit	Reuters
类型		图像	图像	文本	文本	图像	文本	图像	文本
样本数		165	213	414	878	75	169	2000	600
特征	视图 1	1024	676	6429	7454	75	3631	76	21531
	视图 2					75	3560	216	24892
	视图 3					75	3068	64	34251
	视图 4								15506
	视图 5								11547
簇数		15	10	36	10	5	6	10	6

（1）**Yale** 数据集①：本数据集共收集了 15 名受试者的 165 张面部照片，这些照片是在不同的面部表情或外部环境下获得的。

（2）**Jaffe** 数据集②：这个数据集包含了从 10 个日本人收集的 213 张面部照片，每张图片都是由像素组成的。

（3）**Text corpora** 数据集③：本语料库包含 3 个子数据集，我们的实验使用了 2 个子数据集，即 TR11 和 TR41。

5.5.2 对比算法与实验设置

5.5.2.1 对比算法

作为消融研究，为了更好地验证我们的模型中 ALMKL 和 BDR 的有效性，CLWRMSC 的单视图形式（式（5.12））与几种先进的多核单视图子空间聚类算法进行了比较，包括 SCMK[45]、LKGr（Low-rank Kernel Learning for Graph-based Clustering，基于图的聚类中的低秩核学习）[126]、SMKL[44]、JMKSC（Joint Robust Multiple Kernel Subspace Clustering，联合稳健性的多核子空间聚类）[46] 以及 LLMKL（Local Structural Graph and Low-Rank Consensus Multiple Kernel Learning，局部结构图和低秩共识多核学习）[131]。进一步，我们将 CLWRMSC 与几种先进的多视图子空间聚类算法进行了比较，如 Co-Reg[75]、RMSC[77]、CSMSC[80]、MLRSSC[83]、RLKMSC 和 REPE（Robust Energy Preserving Embedding，稳健能量保持嵌入）[125]。为了充分验证我们提出的算法的

① http：//cvc. yale. edu/projects/yalefaces/yalefaces. html。

② http：//www. kasrl. org/jaffe. html。

③ http：//trec. nist. gov。

优越性，我们还使用了另外两个基准：① SV-Best，它表示将我们的模型应用于每个视图以获得最佳的子空间聚类；② Feat Concat，表示将所有视图的特征直接连接起来组成单视图数据，然后使用式（5.12）对数据进行子空间聚类。

5.5.2.2　参数设置

实验中，对于式（5.13），我们令 $\alpha = 0.5$，$\sigma_1^2 = \frac{1}{4N^2 \|\boldsymbol{\Delta}\|_F^2}$，$\sigma_1^2 = \frac{1}{N^2 \|\boldsymbol{\Delta}\|_F^2}$。式（5.14）中的权衡参数设置为：$\lambda_1 \in \{10^{-3}, 10^{-2}, 0.1, 1, 10, 10^2, 10^3\}$，$\lambda_2 = 0.1\lambda_1$、$\lambda_3 \in \{10^{-2}, 0.1, 1, 10, 10^2, 10^3, 10^4\}$。参数 p 选自于 $\{0.01, 0.05, 0.1, 0.2, 0.3, 0.4, 0.5\}$。另外，$\beta \in \{0.5, 1, 5, 10, 20, 50, 100\}$，$\gamma \in \{0.05, 0.1, 0.2, 0.3, 0.5\}$。对于所有的比较算法，我们尽可能地使用原始文章中描述的实验设置。

5.5.2.3　基准核的构建

在我们的模型中，总共 12 个基本内核构造成一个内核池：①1 个线性内核，即 $(\boldsymbol{k}\boldsymbol{x}_1, \boldsymbol{x})_2 = (\boldsymbol{x}_1^{\mathrm{T}}\boldsymbol{x}_2)$；② 4 个多项式内核，即 $\boldsymbol{k}(\boldsymbol{x}_1, \boldsymbol{x}_2) = (\boldsymbol{x}_1^{\mathrm{T}}\boldsymbol{x}_2 + a)^b$，其中 $a \in \{0, 1\}$ 且 $b \in \{2, 4\}$；③7 个高斯内核，即 $\boldsymbol{k}(\boldsymbol{x}_1, \boldsymbol{x}_2) = \exp\left(-\frac{\|\boldsymbol{x}_1 - \boldsymbol{x}_2\|_2^2}{d\ell^2}\right)$，其中 d 样本之间的最大距离，ℓ 选自于 $\{0.01, 0.05, 0.1, 1, 10, 50, 100\}$。

5.5.2.4　评价指标

在本章研究中，我们使用几个常见的指标来定量评估 CLWRMSC 的聚类性能：F-分数、准确率、召回率、调整兰德指数、归一化互信息、精确度和纯度，它们的值越大，表现越好。这些指标的详细信息在前面已经提供，这里不再赘述。对于所有算法，每个测试重复 20 次，并给出了测试结果的均值和标准差。

5.5.3　单视图数据集上的消融实验

如 5.5.2.1 节所述，式（5.12）用于 4 个单视图数据集的消融研究。这里，我们用 CLWRMSC-SV 表示模型 CLWRMSC 的单视图形式。为了验证我们的模型中 BDR 的重要性，我们在 Yale 和 Jaffe 数据集上可视化了 6 个算法的亲和度矩阵，结果如图 5.4 和图 5.5 所示。直观来看，由 CLWRMSC-SV 得到的亲和度矩阵具有良好的块对角性。

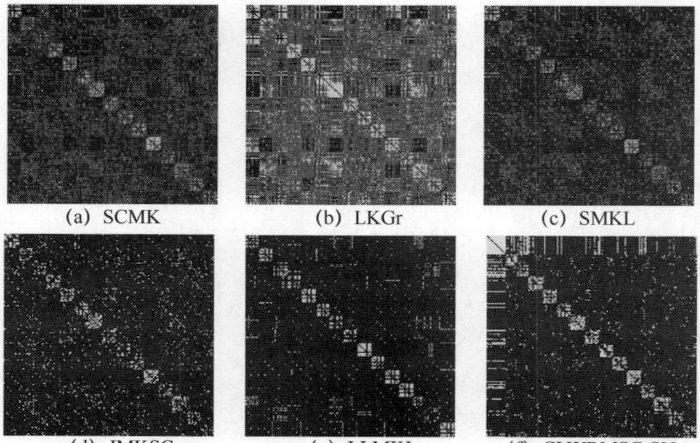

(a) SCMK (b) LKGr (c) SMKL

(d) JMKSC (e) LLMKL (f) CLWRMSC-SV

图 5.4 由 Yale 数据集学习到的亲和度矩阵可视化（见彩图）

单视图数据的聚类结果见表 5.3。很明显，我们的模型可以获得较好的单视图数据的聚类结果。具体而言，与 LLMKL（比较算法中最好的）进行比较，对于归一化互信息、精确度和纯度 3 个指标，CLWRMSC-SV 分别提高了 3.36%、3.42% 和 2.47%。同时，通过观察每个结果的标准差，可以发现我们的模型具有更好的稳定性。

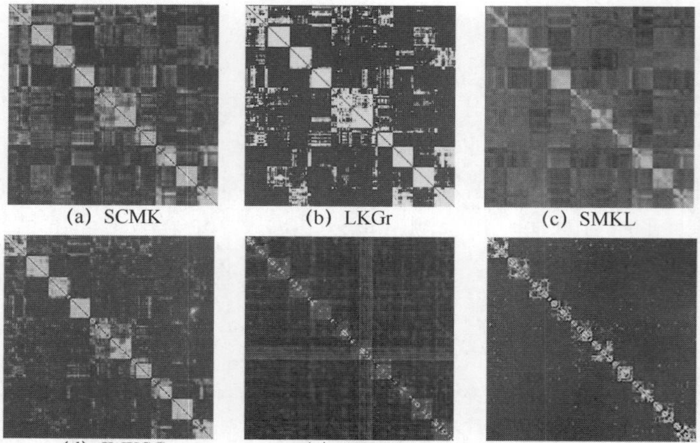

(a) SCMK (b) LKGr (c) SMKL

(d) JMKSC (e) LLMKL (f) CLWRMSC-SV

图 5.5 由 Jaffe 数据集学习到的亲和度矩阵可视化（见彩图）

根据定理 5.2，当 $0 < p \leqslant 0.5$ 时 $\| \boldsymbol{K} \|_{w,r}^{p} \to \| \phi(\boldsymbol{X}) \|_{w,r}^{p}$。因此，通过在

Yale 数据集上优化 CLWRMSC-SV 模型来验证特征空间中数据的低秩结构，其中内核的设置见 5.5.2.3 节。$\boldsymbol{K}_i$ 和 $\boldsymbol{K}_{\text{consensus}}$ 的秩及聚类结果，见表 5.4。

表 5.3　单视图数据集上的聚类结果（粗体字表示最佳结果）

数据集	度量	SCMK	LKGr	SMKL	JMKSC	LLMKL	CLWRMSC-SV
Yale	精确度	0.582 (0.025)	0.540 (0.030)	0.582 (0.017)	0.630 (0.006)	0.655 (0.009)	**0.682 (0.005)**
	归一化信息	0.576 (0.012)	0.566 (0.025)	0.614 (0.015)	0.631 (0.006)	0.646 (0.007)	**0.663 (0.006)**
	纯度	0.610 (0.014)	0.554 (0.029)	0.667 (0.014)	0.673 (0.007)	0.683 (0.009)	**0.713 (0.007)**
Jaffe	精确度	0.869 (0.022)	0.861 (0.052)	0.967 (0.000)	0.967 (0.007)	1.000 (0.000)	**1.000 (0.000)**
	归一化信息	0.868 (0.021)	0.869 (0.031)	0.951 (0.000)	0.952 (0.010)	1.000 (0.000)	**1.000 (0.000)**
	纯度	0.882 (0.023)	0.859 (0.038)	0.967 (0.000)	0.967 (0.007)	1.000 (0.000)	**1.000 (0.000)**
TR11	精确度	0.549 (0.015)	0.607 (0.043)	0.729 (0.019)	0.737 (0.002)	0.718 (0.001)	**0.800 (0.001)**
	归一化信息	0.371 (0.018)	0.597 (0.031)	0.622 (0.048)	0.673 (0.002)	0.633 (0.002)	**0.722 (0.001)**
	纯度	0.783 (0.011)	0.776 (0.030)	0.879 (0.030)	0.819 (0.001)	0.801 (0.002)	**0.885 (0.001)**
TR41	精确度	0.650 (0.068)	0.595 (0.020)	0.671 (0.002)	0.689 (0.004)	0.689 (0.004)	**0.748 (0.001)**
	归一化信息	0.492 (0.017)	0.604 (0.023)	0.625 (0.004)	0.660 (0.003)	0.666 (0.003)	**0.685 (0.003)**
	纯度	0.758 (0.034)	0.759 (0.031)	0.761 (0.003)	0.799 (0.003)	0.817 (0.003)	**0.835 (0.002)**
平均	精确度	0.663 (0.033)	0.651 (0.036)	0.737 (0.010)	0.756 (0.005)	0.766 (0.004)	**0.808 (0.002)**
	归一化信息	0.577 (0.017)	0.659 (0.028)	0.603 (0.017)	0.729 (0.005)	0.736 (0.003)	**0.768 (0.003)**
	纯度	0.758 (0.021)	0.737 (0.032)	0.819 (0.012)	0.815 (0.005)	0.825 (0.004)	**0.858 (0.003)**

表 5.4　在 Yale 数据集上分别使用 12 个基准内核、共识内核时的聚类结果

度量	$\boldsymbol{K}_1$	$\boldsymbol{K}_2$	$\boldsymbol{K}_3$	$\boldsymbol{K}_4$	$\boldsymbol{K}_5$	$\boldsymbol{K}_6$	$\boldsymbol{K}_7$	$\boldsymbol{K}_8$	$\boldsymbol{K}_9$	$\boldsymbol{K}_{10}$	$\boldsymbol{K}_{11}$	$\boldsymbol{K}_{12}$	$\boldsymbol{K}_c$
精确度	0.585	0.355	0.347	0.409	0.570	0.562	0.628	0.535	0.585	0.501	0.529	0.636	0.682
归一化信息	0.610	0.423	0.446	0.478	0.639	0.613	0.653	0.594	0.619	0.556	0.565	0.614	0.663
纯度	0.646	0.415	0.396	0.591	0.625	0.622	0.671	0.584	0.635	0.610	0.608	0.668	0.713
rank($\boldsymbol{K}$)	165	109	165	164	1	112	1	89	136	56	101	164	75

5.5.4　多视图数据集上的性能评价

在多视图数据集上的所有实验结果见表 5.5，显然，我们的模型性能在每个评价指标上至少提升了 6%。

此外，为了全面检验 BDR 在 CLWRMSC 中的优越性，图 5.6 展示了模型 CLWRMSC 在 Caltech-101 和 3-Sources 数据集上针对不同 k 时的归一化互信息曲线。显然，改变 k 的值会直接影响聚类结果。当 $k=\#.$ 簇时，聚类性能最好。

当然，模型的稳健性也是我们关注的问题。为此，我们在 Caltech-101 数

据集上测试 CLWRMSC 对非高斯噪声的稳健性。在实验中，我们随机将一些数据的值设为零来模拟数据缺失噪声。所有结果如图 5.7 所示。

表 5.5　各算法在 4 个多视图数据集上的聚类结果

数据集	方法	归一化互信息	精确度	调整兰德指数	F-分数	准确率	召回率
Caltech-101	最佳单视图	0.639 (0.004)	0.691 (0.002)	0.558 (0.003)	0.661 (0.006)	0.636 (0.002)	0.689 (0.007)
	特征链接	-	-	-	-	-	-
	Co-Reg	0.556 (0.048)	0.641 (0.028)	0.438 (0.034)	0.557 (0.027)	0.525 (0.025)	0.594 (0.029)
	RMSC	0.519 (0.007)	0.598 (0.005)	0.430 (0.007)	0.536 (0.007)	0.521 (0.003)	0.551 (0.014)
	CSMSC	0.559 (0.025)	0.626 (0.019)	0.448 (0.024)	0.558 (0.020)	0.532 (0.021)	0.583 (0.028)
	MLRSSC	0.678 (0.034)	0.708 (0.021)	0.601 (0.027)	0.678 (0.032)	0.644 (0.035)	0.693 (0.027)
	RLKMSC	0.779 (0.025)	0.852 (0.023)	0.727 (0.022)	0.779 (0.018)	0.772 (0.020)	0.787 (0.025)
	REPE	0.796 (0.014)	0.891 (0.007)	0.757 (0.008)	0.791 (0.011)	0.781 (0.012)	0.802 (0.015)
	CLWRMSC	**0.829 (0.006)**	**0.920 (0.004)**	**0.807 (0.005)**	**0.844 (0.009)**	**0.840 (0.006)**	**0.848 (0.010)**
3-Sources	最佳单视图	0.556 (0.007)	0.635 (0.010)	0.506 (0.009)	0.571 (0.013)	0.642 (0.007)	0.514 (0.015)
	特征链接	0.538 (0.008)	0.603 (0.012)	0.491 (0.011)	0.610 (0.010)	0.618 (0.008)	0.602 (0.012)
	Co-Reg	0.514 (0.026)	0.583 (0.031)	0.370 (0.045)	0.506 (0.028)	0.551 (0.052)	0.467 (0.025)
	RMSC	0.517 (0.024)	0.569 (0.022)	0.330 (0.045)	0.482 (0.043)	0.515 (0.034)	0.453 (0.036)
	CSMSC	0.518 (0.026)	0.634 (0.019)	0.335 (0.039)	0.490 (0.029)	0.518 (0.056)	0.464 (0.027)
	MLRSSC	0.594 (0.025)	0.708 (0.028)	0.565 (0.060)	0.660 (0.049)	0.707 (0.049)	0.619 (0.052)
	RLKMSC	0.515 (0.038)	0.622 (0.020)	0.409 (0.018)	0.543 (0.025)	0.493 (0.022)	0.605 (0.021)
	REPE	0.621 (0.012)	0.707 (0.014)	0.594 (0.015)	0.718 (0.023)	0.712 (0.011)	0.725 (0.026)
	CLWRMSC	**0.748 (0.009)**	**0.852 (0.012)**	**0.745 (0.013)**	**0.773 (0.012)**	**0.852 (0.010)**	**0.785 (0.014)**
UCI Digit	最佳单视图	0.805 (0.018)	0.726 (0.016)	0.727 (0.020)	0.761 (0.021)	0.723 (0.018)	0.804 (0.022)
	特征链接	0.816 (0.019)	0.738 (0.018)	0.742 (0.024)	0.767 (0.018)	0.735 (0.021)	0.801 (0.017)
	Co-Reg	0.783 (0.033)	0.704 (0.043)	0.726 (0.075)	0.754 (0.067)	0.735 (0.082)	0.775 (0.050)
	RMSC	0.818 (0.040)	0.712 (0.039)	0.713 (0.048)	0.762 (0.051)	0.768 (0.080)	0.827 (0.031)
	CSMSC	0.839 (0.019)	0.760 (0.027)	0.788 (0.056)	0.795 (0.045)	0.775 (0.069)	0.866 (0.015)
	MLRSSC	0.849 (0.020)	0.817 (0.013)	0.815 (0.049)	0.828 (0.049)	0.820 (0.066)	0.851 (0.016)
	RLKMSC	0.909 (0.024)	0.843 (0.024)	0.853 (0.050)	0.887 (0.042)	0.881 (0.068)	0.894 (0.014)
	REPE	0.879 (0.016)	0.903 (0.014)	0.861 (0.015)	0.877 (0.019)	0.882 (0.022)	0.872 (0.013)
	CLWRMSC	**0.931 (0.014)**	**0.926 (0.012)**	**0.892 (0.013)**	**0.928 (0.015)**	**0.941 (0.017)**	**0.915 (0.014)**

续表

数据集	方法	归一化互信息	精确度	调整兰德指数	F-分数	准确率	召回率
Reutures	最佳单视图	0.345 (0.006)	0.319 (0.007)	0.269 (0.005)	0.402 (0.006)	0.376 (0.005)	0.433 (0.012)
	特征链接	0.368 (0.010)	0.328 (0.005)	0.273 (0.007)	0.405 (0.008)	0.368 (0.006)	0.451 (0.011)
	Co-Reg	0.308 (0.015)	0.273 (0.012)	0.231 (0.016)	0.381 (0.010)	0.352 (0.019)	0.416 (0.020)
	RMSC	0.327 (0.018)	0.300 (0.013)	0.237 (0.019)	0.370 (0.013)	0.338 (0.014)	0.407 (0.021)
	CSMSC	0.335 (0.023)	0.292 (0.010)	0.238 (0.018)	0.379 (0.008)	0.339 (0.011)	0.430 (0.018)
	MLRSSC	0.374 (0.013)	0.330 (0.011)	0.284 (0.016)	0.413 (0.012)	0.374 (0.022)	0.461 (0.026)
	RLKMSC	0.413 (0.017)	0.375 (0.015)	0.311 (0.019)	0.436 (0.009)	0.383 (0.021)	0.505 (0.022)
	REPE	0.432 (0.007)	0.398 (0.001)	0.331 (0.009)	0.457 (0.008)	0.419 (0.007)	0.503 (0.015)
	CLWRMSC	**0.456 (0.001)**	**0.428 (0.002)**	**0.360 (0.002)**	**0.561 (0.004)**	**0.548 (0.003)**	**0.575 (0.004)**
平均	最佳单视图	0.586 (0.009)	0.593 (0.009)	0.515 (0.009)	0.599 (0.012)	0.594 (0.008)	0.610 (0.014)
	特征链接	0.574 (0.012)	0.556 (0.012)	0.502 (0.014)	0.594 (0.012)	0.574 (0.012)	0.618 (0.013)
	Co-Reg	0.540 (0.031)	0.550 (0.029)	0.441 (0.043)	0.550 (0.033)	0.541 (0.045)	0.563 (0.031)
	RMSC	0.545 (0.022)	0.545 (0.020)	0.428 (0.030)	0.538 (0.029)	0.536 (0.033)	0.560 (0.026)
	CSMSC	0.563 (0.023)	0.578 (0.019)	0.452 (0.034)	0.556 (0.026)	0.541 (0.039)	0.586 (0.022)
	MLRSSC	0.624 (0.023)	0.641 (0.018)	0.566 (0.038)	0.645 (0.036)	0.636 (0.043)	0.656 (0.030)
	RLKMSC	0.654 (0.026)	0.673 (0.021)	0.575 (0.027)	0.661 (0.024)	0.632 (0.033)	0.698 (0.021)
	REPE	0.682 (0.012)	0.725 (0.009)	0.636 (0.012)	0.711 (0.015)	0.699 (0.013)	0.726 (0.017)
	CLWRMSC	**0.741 (0.008)**	**0.782 (0.008)**	**0.701 (0.008)**	**0.777 (0.010)**	**0.795 (0.009)**	**0.781 (0.012)**

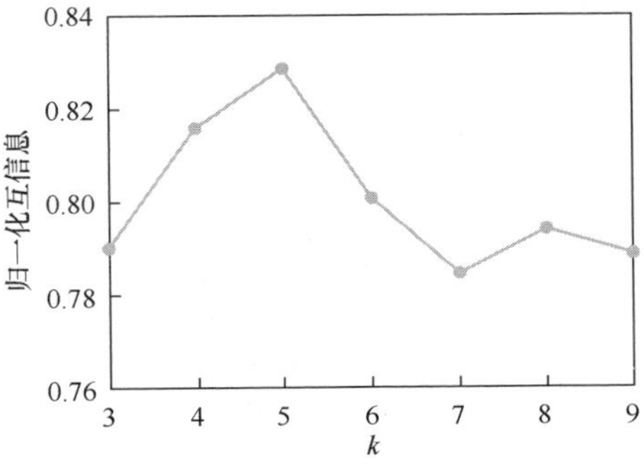

(a) Caltech-101

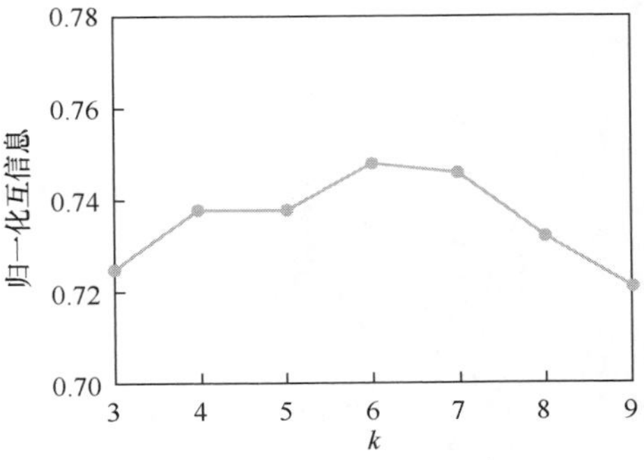

(b) 3-Sources

图 5.6　模型 CLWRMSC 在变化 k 时的归一化互信息曲线

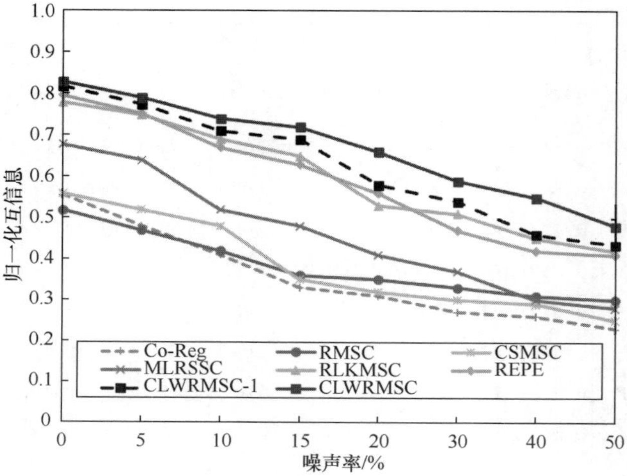

图 5.7　数据缺失噪声对聚类精度的影响（见彩图）

5.5.5　参数敏感性与模型收敛性验证

由式（5.17）可知，我们的模型主要包括 4 个关键参数，即 $\lambda_{i\in[1,2,3]}$、β、γ 和 p。由于 $\lambda_2 = 0.1\lambda_1$，所以我们需要优化其他 3 个参数。接下来，我们在 Caltech-101 和 3-Sources 数据集上分析了参数的敏感性。

因为 λ_1、λ_3、β 和 γ 都是权衡参数，在选择过程中，我们首先固定 λ_1 和 λ_3，选择最优的 β 和 γ；然后固定 β 和 γ，选取最优的 λ_1 和 λ_3。当 p 发生变化时，需要重复上述过程。图 5.8 所示为 CLWRMSC 关于归一化互信息度量的聚类性能。

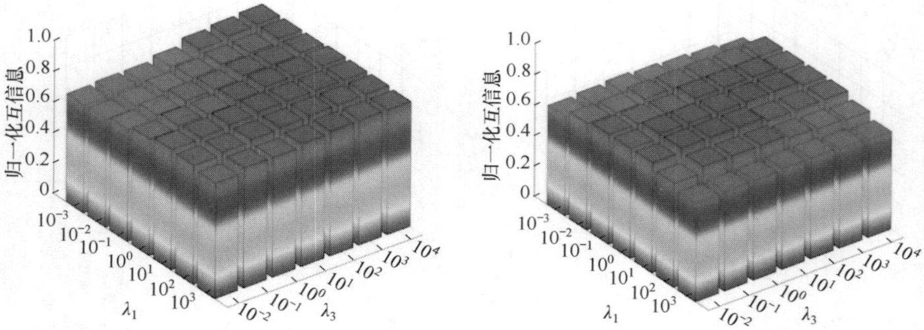

(a) 变化λ_1(Caltech-101)　　(b) 变化λ_1(3-Sources)

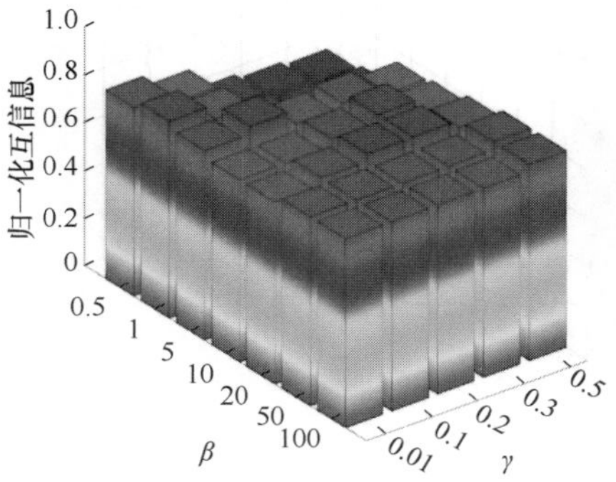

(c) 变化 β和γ (Caltech-101)

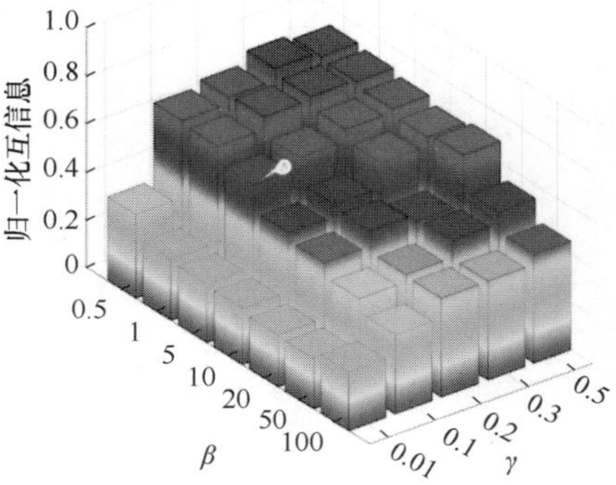

(d) 变化 β和γ (3-Sources)

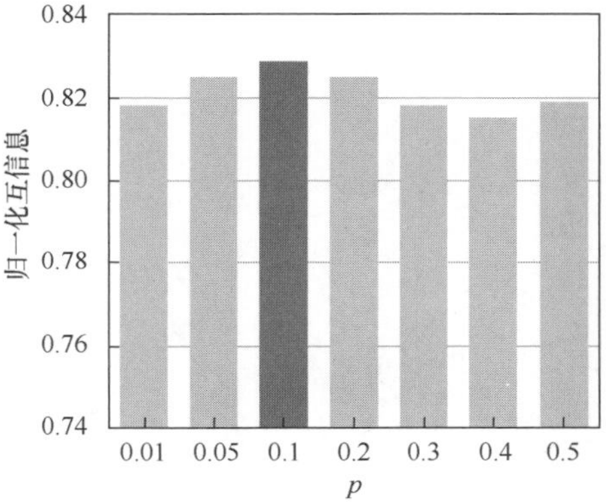

(e) 变化 p (Caltech-101)

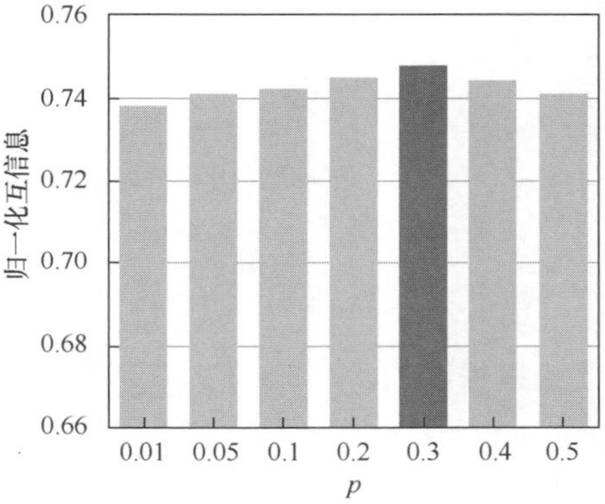

(f) 变化 p (3-Sources)

图 5.8　不同参数对 CLWRMSC 聚类性能的影响

在 5.4.1 节，我们分析了模型的收敛性。这里我们以 Caltech-101 的数据集为例来验证我们的分析。在每次迭代结束时，式（5.15）的原始残差和目标函数值如图 5.9 所示。显然，大约 10 次迭代后，目标函数值很快稳定下来。当然，需要一些额外的迭代来持续地自调优参数。

5.5.6　计算性能分析

当然，在评估算法时也要考虑算法的计算时间。因此，我们在 3 个数据集上测试了所有的多视图子空间聚类算法①。值得注意的是，在实验过程中，所

① 由于 Caltech-101 数据集的计算时间非常短，所以我们没有报告。

有算法都设置了相同的收敛条件，以增强算法之间的对比度。如图 5.10 所示，CLWRMSC 的计算代价低于 CSMSC、MLRSSC 和 RLKMSC 的计算代价，高于 Co-Reg、RMSC 和 WMKMSC 的计算代价，但 Co-Reg、RMSC 和 WMKMSC 的聚类精度较差。

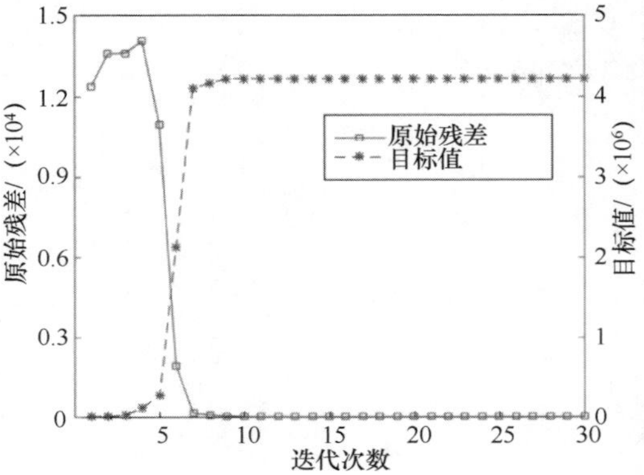

图 5.9 CLWRMSC 在 Caltech-101 数据集上的收敛曲线

5.5.7 结果分析与讨论

根据图 5.4~图 5.10 以及表 5.3~表 5.5，我们可以得出了以下结论。

(1) 作为消融实验，我们在 4 个真实的单视图数据集上完成了一些聚类实验。

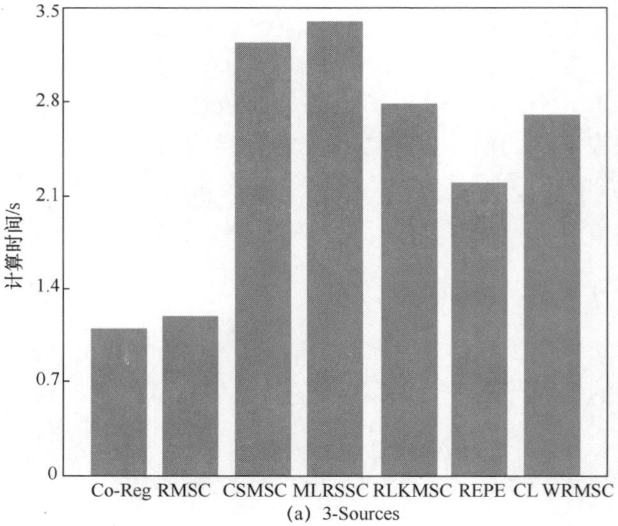

(a) 3-Sources

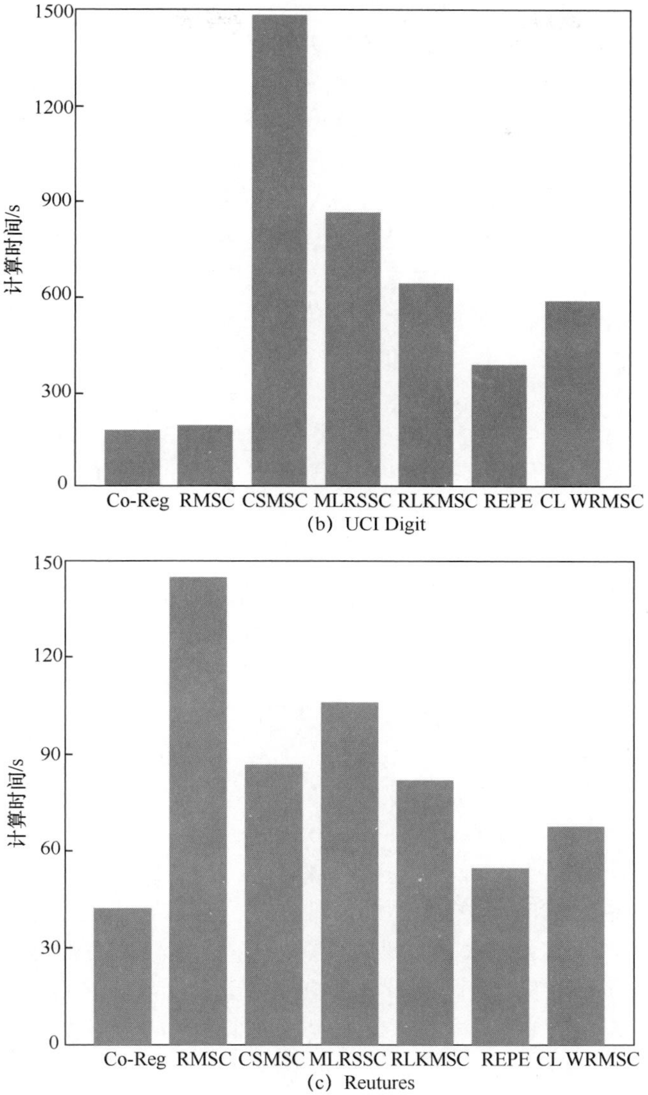

图 5.10　计算时间对比

① 表 5.3 展示了 CLWRMSC 在单视图数据上聚类的优势。CLWRMSC-SV 的标准差近似为零。说明 CLWRMSC-SV 在统计上是稳定的。这些良好的聚类结果主要是由于模型中采用了稳健的多核学习策略。

② 如表 5.4 所列，不同的内核具有不同的低秩结构和聚类性能。这说明，

将低秩核约束 $\|\boldsymbol{K}\|_{w,r}^{p}$ 引入我们的模型是十分有必要的，它鼓励映射空间中的数据采用低秩结构。同时，在范数中引入权重可以突出重要秩成分的作用。

③ 根据图 5.4 和图 5.5 可知，在视觉上，Yale 和 Jaffe 数据集分别有 15 个和 10 个对角块。显然，所提出的 CLWRMSC-SV 方法使所得到的亲和度矩阵具有更好的块对角特性，这种效果主要来源于在模型中引入了块对角约束。

（2）根据多视图数据集的实验结果，可以得出以下结论。

① 与基于单视图的聚类模型相比，基于多视图的模型通常可以获得更好的结果。如表 5.5 所列，单视图方法比 Co-Reg 和 RMSC 获得更好的聚类结果。这表明如何使用多视图数据的唯一补充信息是多视图子空间聚类任务的重要组成部分。而且，CLWRMSC 的标准偏差很小，表明 CLWRMSC 在统计上是稳定的。

② 在表 5.1 中，我们总结了所提出的 CLWRMSC 方法以及所有比较算法的特点。它们都适用于非线性子空间聚类任务，但是我们的方法结合了低秩核约束和多核学习，这是 CLWRMSC 表现出更好性能的关键之一。

③ CLWRMSC、RLKMSC 和 MLRSSC 比其他几种多视图子空间聚类比较算法表现出更好的性能，主要是因为这 3 种方法充分考虑了多视图数据的稀疏性和低秩特征。WMKMSC 获得了较好的结果是因为它使用了一个稳健的多内核学习策略。这也证实了一个好得多核学习策略对于提高聚类性能是非常重要的。

④ 根据图 5.7，我们可以清楚地看到 CLWRMSC 具有良好的稳健性。当数据被破坏时，CLWRMSC 可以根据视图和样本的置信度为它们分配不同的权重，以确保获得的共识表示的有效性。

⑤ 如图 5.8 所示，当模型中的参数在一定范围内变化时，其聚类性能相对稳定。具体来说，当 λ_1 或 λ_3 达到最优值时，在一定范围内，聚类精度对另一个参数不敏感。β 和 γ 具有类似的特性，这意味着我们的模型更容易驯服。

⑥ 计算代价是衡量聚类算法优劣的一个重要指标。我们在 5.4 节从理论上分析了 CLWRMSC 的收敛性和计算复杂度。此外，我们还分别在 5.5.5 节和 5.5.6 节中提供了相关的验证实验，结果如图 5.9 和图 5.10 所示。显然，CLWRMSC 能够快速收敛，是一种有效的多视图聚类方法。

5.6 小 结

对于多视图数据，本章设计了一种先进的稳健子空间聚类模型（CLWRMSC），该模型融合了置信度自动加权和自适应低秩多核学习。具体来说，我们的方法利用基于 MCIM 的稳健性 MKL 策略来训练共识内核，并学习内核空间中的亲和度图。在此过程中，将低秩约束应用于学习到的共识内核，以鼓励特征空间的低秩结构。然后，BDR 的引入使亲和度矩阵具有更好的块对角属性。此外，我们还提出了一种自适应样本加权策略，该策略允许我们的模型在学习所有视图的共识表示时能够同时注意视图和样本的置信度。当求得模型结果后，构造亲和度矩阵并将其用于谱聚类算法。我们对 8 个数据集（4 个人脸聚类数据集和 4 个文本聚类数据集）的实验结果表明，我们的模型已经达到了最先进的性能。

此外，还有几个方面的问题值得研究。首先，我们的模型受到复杂性的限制，因此对于具有大规模数据的子空间聚类任务不可行。下面的主要问题是如何提高参数选择的效率和模型求解的效率。当然，深度子空间聚类是当前研究的热点，如何将本书的主要贡献嵌入到深度学习网络中也值得进一步研究。

第6章 结束语

6.1 工作总结

针对现实生活中多样化的高维数据处理需求，本书以子空间聚类为主要的数据分析方法，结合稀疏表示、低秩表示、多核学习、协同学习等技术，针对现有模型中存在的一些问题，在适应非线性数据并抑制大尺度噪声的能力、算法的有效实现、模型推广及应用等方面进行了探讨和研究，主要研究成果及贡献如下。

（1）针对传统的核子空间聚类方法不能有效挖掘特征空间中数据的低秩结构的问题，利用低秩核方法，提出了一种适用性更广泛的非凸稳健子空间聚类模型，称为稳健低秩核子空间聚类（RLKSC）方法。模型中的非凸低秩核方法为首次提出。该算法通过对内核进行非凸低秩约束来挖掘特征空间中数据的潜在结构，并利用相关熵来提高该模型对非高斯噪声的抑制能力。为了提高模型的求解效率，设计了一种专用的求解算法。同时，分析了该算法的时间复杂度和收敛性问题。大量的实验结果也验证了该算法的有效性。

（2）针对现有的多视图聚类方法得到的往往是次优解这一问题，为了更好地适应多视图数据中的非线性结构并抑制数据中的非高斯噪声，提出了一种稳健低秩核多视图子空间聚类（RLKMSC）方法。该模型可看做是 RLKSC 在多视图子空间聚类的扩展，借助协同学习的思想，设计了两种正则化方案来构造所有视图共享的亲和度矩阵：① 成对的视图优化；② 面向一个共同质心的优化。此外，还设计了一种交替最小化算法 HQ-ADMM 来求解优化问题。最后，在图像数据集、生物信息数据集、文本数据集上开展了的一系列实验，结果表明所提算法可以获得理想的聚类效果。

（3）针对多视图数据中各视图数据的独有特征信息不易挖掘这一问题，

在 RLKMSC 的基础上，进一步提出了一种基于加权 Schatten p-范数和相关熵的异核（多核）多视图子空间聚类（MKLR-RMSC）方法。针对不同的视图设计了不同的预定义内核矩阵，以适应不同视图的独特性并挖掘其互补性信息。同时，将加权 Schatten p-范数应用于模型中，在接近原始低秩假设的同时，充分平衡了不同秩的影响。在一系列真实数据库上的实验结果，验证了所提算法的有效性。

（4）针对多视图数据中样本置信度的差异性问题，提出了置信度自动加权的稳健多视图子空间聚类（CLWRMSC）方法。传统的多视图子空间聚类方法（包括前文所提的 RLKMSC 和 MKLR-RMSC）通常是按视图置信度分配权重的，但由于数据的非线性和噪声污染，同一个视图中的不同样本可能具有不同的置信度。为此，首先设计了一种自适应的低秩 MKL 策略。同时，我们对从每个视图学习的表示矩阵执行块对角正则化。此外，提出了一种自适应样本加权策略，该策略允许我们的模型在学习所有视图的共识表示时同时关注视图和样本的置信度，提升聚类性能。

本书所提的子空间聚类方法对比见表 6.1。显然，所有模型都是基于非凸低秩核的子空间聚类方法，其中 RLKSC 仅适用于单视图数据，其余 3 种方法可同时适用于单视图数据和多视图数据。RLKSC 和 RLKMSC 属于单核方法，且使用了 Schatten p-范数实现低秩核优化，忽略了不同秩贡献的差异性。MKLR-RMSC 可看成是 RLKMSC 的改进版，解决了不同秩贡献的差异性问题，属于伪多核方法（单视图来看属于单核）。CLWRMSC 是一种典型的多核学习方法，充分考虑到了不同样本置信度的差异性问题。但这 4 种方法都不太适用于大规模数据聚类问题。

表 6.1　本书所提的子空间聚类方法对比

所提模型	非凸低秩核	多视图	秩加权	多核	样本置信度	大规模数据
RLKSC	是	否	否	否	否	否
RLKMSC	是	是	否	否	否	否
MKLR-RMSC	是	是	是	伪多核	否	否
CLWRMSC	是	是	是	是	是	否

6.2　未来工作的展望

本书从挖掘特征空间数据的低秩结构与多视图数据互补信息的角度出发，探索了单视图数据、多视图数据的稳健子空间聚类问题，虽然在算法设计、理论分析与实验结果等方面取得了阶段性的成果，但仍存在以下问题需要进一步研究。

（1）本书提出的各种算法都存在一定的预设参数，且较多的参数使得模型的优化变得困难。尽管本书对参数的选择给出了一些分析指导，而且很多文献也提出了不少关于参数确定的方法，但这些方法都是经验性的，并不具有普适性。如何建立有效的参数设置模型，实现参数的自适应选择是下一步研究的工作之一。

（2）本书提出的几种子空间聚类方法使用了非凸的（加权）Schatten p-范数实现低秩约束。目前基于张量表示的多视图学习得到了广泛关注，若能够将其与文中的非凸低秩约束相融合，并从理论上给出相应的求解保证，将会进一步提升低秩约束的效果，进而提高模型的聚类精度。在处理多视图数据的过程中，为了更好地挖掘多视图的互补信息，可考虑融入信息论的相关知识进行建模。

（3）深度学习本质上是对原始数据进行了一种非线性映射，目前大量的研究已经证明深度学习是强大的表示学习模型，可以考虑在子空间聚类的基础上融入图神经网络，作为下一步研究的思考方向。目前，已存在的大规模多视图深度子空间聚类法并不多，如何构建大规模多视图数据的深度子空间聚类模型，以有效提高聚类效率，将是后续的主要研究工作之一。

（4）现存多视图聚类算法大都存在计算时间较长的问题，无法有效应用到大规模多视图数据的子空间聚类任务中。哈希学习通过把原始数据表示成二值码的形式，可有效减少数据的存储和计算开销。因此，构建一种新的基于多视图数据的哈希学习模型，使其能够强有效的抽取出反映原始数据本质信息的哈希码，并快速聚类大规模多视图数据是一项非常有意义的工作。

参考文献

[1] Hardt M, Price E, Srebro N. Equality of opportunity in supervised learning[C]//Proceedings of the Advances in Neural Information Processing Systems,2016:3315-3323.

[2] Rasmus A, Berglund M, Honkala M, et al. Semi-supervised learning with ladder networks [C]//Proceedings of the Advances in Neural Information Processing Systems, 2015: 3546-3554.

[3] Srivastava N, Mansimov E, Salakhudinov R. Unsupervised learning of video representations using LSTMs[C]//Proceedings of the International Conference on Machine Learning, 2015: 843-852.

[4] Berkhin P. A survey of clustering data mining techniques[M]. Grouping Multidimensional DataSpringer, 2006:25-71.

[5] Muja M, Lowe D G. Scalable nearest neighbor algorithms for high dimensional data[J]. IEEE Transactions on Pattern Analysis and Machine Intelligence, 2014, 36(11):2227-2240.

[6] Donoho D L. High-dimensional data analysis: The curses and blessings of dimensionality [J]. AMS Math Challenges Lecture, 2000, 1:1-32.

[7] 董文华. 稀疏子空间聚类及应用研究[D]. 无锡:江南大学, 2019.

[8] Lee K C, Ho J, Kriegman D J. Acquiring linear subspaces for face recognition under variable lighting[J]. IEEE Transactions on Pattern Analysis and Machine Intelligence, 2005, 27(5): 684-698.

[9] Li K, Yang J, Jiang J. Nonrigid structure from motion via sparse representation[J]. IEEE Transactions on Cybernetics, 2014, 45(8):1401-1413.

[10] Vidal R. Subspace clustering[J]. IEEE Signal Processing Magazine, 2011, 28(2):52-68.

[11] Vidal R, Ma Y, Sastry S. Generalized principal component analysis (GPCA)[J]. IEEE Transactions on Pattern Analysis and Machine Intelligence, 2005, 27(12):1945-1959.

[12] Bradley P S, Mangasarian O L. k-Plane clustering[J]. Journal of Global Optimization, 2000, 16(1):23-32.

[13] Tseng P. Nearest q-flat to m points[J]. Journal of Optimization Theory and Applications, 2000, 105(1):249-252.

[14] Tipping M E, Bishop C M. Probabilistic principal component analysis[J]. Journal of the Royal Statistical Society: Series B (Statistical Methodology), 1999, 61(3):611-622.

[15] Tipping M, Bishop C. Mixtures of probabilistic principal component analyzers[J]. Neural

Computation, 2014, 11(2):443.
[16] Fischler M A, Bolles R C. Random sample consensus:A paradigm for model fitting with applications to image analysis and automated cartography[J]. Communications of the ACM, 1981, 24(6):381-395.
[17] Ma Y, Derksen H, Hong W, et al. Segmentation of multivariate mixed data via lossy data coding and compression[J]. IEEE Transactions on Pattern Analysis and Machine Intelligence, 2007, 29(9):1546-1562.
[18] Yan J, Pollefeys M. A general framework for motion segmentation: Independent, articulated, rigid, non-rigid, degenerate and non-degenerate[C]//Proceedings of the European Conference on Computer Vision,2006:94-106.
[19] Zhang T, Szlam A, Wang Y, et al. Hybrid linear modeling via local best-fit flats [J]. International Journal of Computer Vision, 2012, 100(3):217-240.
[20] Goh A, Vidal R. Segmenting motions of different types by unsupervised manifold clustering [C]//Proceedings of the IEEE Conference on Computer Vision and Pattern Recognition, 2007:1-6.
[21] Chen G, Lerman G. Spectral Curvature Clustering (SCC)[J]. International Journal of Computer Vision, 2009, 81(3):317-330.
[22] Ji P, Zhang T, Li H, et al. Deep subspace clustering networks[C]//Proceedings of the Advances in Neural Information Processing Systems,2017:24-33.
[23] Zhang J, Li C G, You C, et al. Self-supervised convolutional subspace clustering network [C]. Proceedings of the IEEE Conference on Computer Vision and Pattern Recognition, 2019:5473-5482.
[24] Peng X, Feng J, Zhou J T, et al. Deep subspace clustering[J]. IEEE Transactions on Neural Networks and Learning Systems, 2020, 31(12):5509-5521.
[25] Zhao L, Chen Z, Yang Y, et al. Incomplete multi-view clustering via deep semantic mapping [J]. Neurocomputing, 2017, 275(JAN. 31):1053-1062.
[26] Abavisani M, Patel V M. Deep multimodal subspace clustering networks[J]. IEEE Journal of Selected Topics in Signal Processing, 2018, PP(6):1601-1614.
[27] Peng X, Feng J, Xiao S, et al. Structured autoencoders for subspace clustering[J]. IEEE Transactions on Image Processing, 2018, 27(10):5076-5086.
[28] Peng X, Zhu H, Feng J, et al. Deep clustering with sample-assignment invariance prior [J]. IEEE Transactions on Neural Networks and Learning Systems, 2019.
[29] 王卫卫,李小平,冯象初,等. 稀疏子空间聚类综述[J]. 自动化学报, 2015, 41(8): 1373-1384.
[30] 武继刚,陈招红,孟敏,等. 基于低秩稀疏表示的子空间学习研究综述[J]. 华中科技大学学报(自然科学版), 2021, 49(2):1-19.
[31] Elhamifar E, Vidal R. Sparse subspace clustering[C]//Proceedings of the IEEE Conference on Computer Vision and Pattern Recognition, 2009:2790-2797.

[32] Zhang H, Lin Z, Zhang C. A counterexample for the validity of using nuclear norm as a convex surrogate of rank[C]//Proceedings of the Joint European Conference on Machine Learning and Knowledge Discovery in Databases, 2013:226-241.

[33] Liu G, Lin Z, Yu Y. Robust subspace segmentation by low-rank representation[C]//Proceedings of the 27th International Conference on Machine Learning, 2010:663-670.

[34] Peng X, Yu Z, Yi Z, et al. Constructing the L2-graph for robust subspace learning and subspace clustering[J]. IEEE Transactions on Cybernetics, 2016, 47(4):1053-1066.

[35] Shawe-Taylor J, Cristianini N. Kernel methods for pattern analysis[M]. Cambridge University Press, 2004.

[36] Patel V M, Van Nguyen H, Vidal R. Latent space sparse subspace clustering[C]//Proceedings of the IEEE International Conference on Computer Vision, 2013:225-232.

[37] Patel V M, Vidal R. Kernel sparse subspace clustering[C]//Proceedings of the IEEE International Conference on Image Processing, 2014:2849-2853.

[38] Yin M, Guo Y, Gao J, et al. Kernel sparse subspace clustering on symmetric positive definite manifolds[C]//Proceedings of the IEEE Conference on Computer Vision and Pattern Recognition, 2016:5157-5164.

[39] Ji P, Reid I, Garg R, et al. Low-rank kernel subspace clustering[J]. arXiv preprint arXiv:1707.04974, 2017.

[40] Han Y, Yang K, Yang Y, et al. On the impact of regularization variation on localized multiple kernel learning[J]. IEEE Transactions on Neural Networks and Learning Systems, 2018, 29(6):2625-2630.

[41] Liu X, Zhu X, Li M, et al. Multiple kernel k-means with incomplete kernels[J]. IEEE Transactions on Pattern Analysis and Machine Intelligence, 2019.

[42] Huang H C, Chuang Y Y, Chen C S. Affinity aggregation for spectral clustering[C]//Proceedings of the IEEE Conference on Computer Vision and Pattern Recognition, 2012:773-780.

[43] Du L, Zhou P, Shi L, et al. Robust multiple kernel k-means using ℓ21-norm[C]//Proceedings of the 24th International Joint Conference on Artificial Intelligence, 2015.

[44] Kang Z, Lu X, Yi J, et al. Self-weighted multiple kernel learning for graph-based clustering and semi-supervised classification[J]. arXiv preprint arXiv:1806.07697, 2018.

[45] Kang Z, Peng C, Cheng Q, et al. Unified spectral clustering with optimal graph[C]//Proceedings of the 32th AAAI Conference on Artificial Intelligence, 2018.

[46] Yang C, Ren Z, Sun Q, et al. Joint correntropy metric weighting and block diagonal regularizer for robust multiple kernel subspace clustering[J]. Information Sciences, 2019, 500:48-66.

[47] Zhou S, Liu X, Li M, et al. Multiple kernel clustering with neighbor-kernel subspace segmentation[J]. IEEE Transactions on Neural Networks and Learning Systems, 2019, 31(4):1351-1362.

[48] Xu Z, Chang X, Xu F, et al. $L_{1/2}$ regularization: A thresholding representation theory and a fast solver[J]. IEEE Transactions on Neural Networks and Learning Systems, 2012, 23(7): 1013-1027.

[49] Mohan K, Fazel M. Iterative reweighted algorithms for matrix rank minimization[J]. Journal of Machine Learning Research, 2012, 13(1):3441-3473.

[50] Rao G, Peng Y, Xu Z. Robust sparse and low-rank matrix decomposition based on $S_{1/2}$ modeling[J]. Scientia Sinica Informations, 2013, 43(6):733-748.

[51] Kong D, Zhang M, Ding C. Minimal shrinkage for noisy data recovery using schatten-pnorm objective[C]. Proceedings of the Joint European Conference on Machine Learning and Knowledge Discovery in Databases, 2013:177-193.

[52] Cheng W, Zhao M, Xiong N, et al. Non-convex sparse and low-rank based robust subspace segmentation for data mining[J]. Sensors, 2017, 17(7):1633.

[53] Zhang T, Tang Z, Liu Q. Robust subspace clustering via joint weighted Schatten-p norm and Lq-norm minimization[J]. Journal of Electronic Imaging, 2017, 26(3):033021.

[54] Xie Y, Gu S, Liu Y, et al. Weighted Schatten p-norm minimization for image denoising and background subtraction[J]. IEEE Transactions on Image Processing, 2016, 25(10):4842-4857.

[55] Hu Y, Zhang D, Ye J, et al. Fast and accurate matrix completion via truncated nuclear norm regularization[J]. IEEE Transactions on Pattern Analysis and Machine Intelligence, 2012, 35 (9):2117-2130.

[56] Liu G, Lin Z, Yan S, et al. Robust recovery of subspace structures by low-rank representation[J]. IEEE Transactions on Pattern Analysis and Machine Intelligence, 2012, 35(1): 171-184.

[57] Pham D S, Budhaditya S, Phung D, et al. Improved subspace clustering via exploitation of spatial constraints[C]//Proceedings of the IEEE Conference on Computer Vision and Pattern Recognition, 2012:550-557.

[58] Lu C, Tang J, Lin M, et al. Correntropy induced l2 graph for robust subspace clustering[C]// Proceedings of the IEEE International Conference on Computer Vision, 2013:1801-1808.

[59] Zhang Y, Sun Z, He R, et al. Robust subspace clustering via half-quadratic minimization [C]//Proceedings of the IEEE International Conference on Computer Vision, 2013:3096-3103.

[60] He R, Zhang Y, Sun Z, et al. Robust subspace clustering with complex noise[J]. IEEE Transactions on Image Processing, 2015, 24(11):4001-4013.

[61] Li X, Lu Q, Dong Y, et al. Robust subspace clustering by cauchy loss function[J]. IEEE Transactions on Neural Networks and Learning Systems, 2019, 30(7):2067-2078.

[62] Xia G, Sun H, Feng L, et al. Human motion segmentation via robust kernel sparse subspace clustering[J]. IEEE Transactions on Image Processing, 2017, 27(1):135-150.

[63] Yang Y, Wang H. Multi-view clustering: A survey[J]. Big Data Mining and Analytics, 2018, 1(2):83-107.

[64] Jain A K, Duin R P W, Mao J. Statistical pattern recognition: A review[J]. IEEE Transac-

tions on Pattern Analysis and Machine Intelligence, 2000, 22(1):4-37.

[65] Zhang H, Zhang Y, Wang H, et al. WLDISR: Weighted local sparse representation-based depth image super-resolution for 3D video system[J]. IEEE Transactions on Image Processing, 2018, 28(2):561-576.

[66] Xu W, Shen Y, Bergmann N, et al. Sensor-assisted face recognition system on smart glass via multi-view sparse representation classification[C]//Proceedings of the 15th ACM/IEEE International Conference on Information Processing in Sensor Networks, 2016:1-12.

[67] Mo B, He K, Men A. Visual object tracking via multi-view and group sparse representation [C]//Proceedings of the IEEE/CIC International Conference on Communications in China, 2016:1-5.

[68] Cao Z, Xu L, Feng J. Automatic target recognition with joint sparse representation of heterogeneous multi-view SAR images over a locally adaptive dictionary[J]. Signal Processing, 2016, 126:27-34.

[69] Chen X, Xu J. Uncooperative gait recognition: Re-ranking based on sparse coding and multi-view hypergraph learning[J]. Pattern Recognition, 2016, 53:116-129.

[70] Zang M, Xu H. Multi-view joint sparse coding for image annotation[J]. International Journal of Innovative Computing, Information and Control, 2017, 13(4):1407-1414.

[71] Kang B, Liang D, Zhang S. Robust visual tracking via multi-view discriminant based sparse representation[C]//Proceedings of the IEEE International Conference on Image Processing, 2017:2587-2591.

[72] Yuan Z, Lu T, Tan C L. Learning discriminated and correlated patches for multi-view object detection using sparse coding[J]. Pattern Recognition, 2017, 69:26-38.

[73] Yang X, Wu W, Liu K, et al. Multi-sensor image super-resolution with fuzzy cluster by using multi-scale and multi-view sparse coding for infrared image[J]. Multimedia Tools and Applications, 2017, 76(23):24871-24902.

[74] Kumar A, Daumé H. A co-training approach for multi-view spectral clustering[C]//Proceedings of the 28th International Conference on Machine Learning, 2011:393-400.

[75] Kumar A, Rai P, Daume H. Co-regularized multi-view spectral clustering[C]//Proceedings of the Advances in Neural Information Processing Systems, 2011:1413-1421.

[76] Wang H, Nie F, Huang H. Multi-view clustering and feature learning via structured sparsity [C]. International Conference on Machine Learning, 2013:352-360.

[77] Xia R, Pan Y, Du L, et al. Robust multi-view spectral clustering via low-rank and sparse decomposition[C]//Proceedings of the AAAI Conference on Artificial Intelligence, 2014: 2149-2155.

[78] Cao X, Zhang C, Fu H, et al. Diversity-induced multi-view subspace clustering[C]//Proceedings of the IEEE Conference on Computer Vision and Pattern Recognition, 2015:586-594.

[79] Gao H, Nie F, Li X, et al. Multi-view subspace clustering[C]//Proceedings of the IEEE International Conference on Computer Vision, 2015:4238-4246.

[80] Lu C, Yan S, Lin Z. Convex sparse spectral clustering: Single-view to multi-view[J]. IEEE Transactions on Image Processing, 2016, 25(6):2833-2843.
[81] Zhao H, Liu H, Fu Y. Incomplete multi-modal visual data grouping[C]//Proceedings of the International Joint Conference on Artificial Intelligence, 2016:2392-2398.
[82] Zhang Z, Zhai Z, Li L. Uniform projection for multi-view learning[J]. IEEE Transactions on Pattern Analysis and Machine Intelligence, 2016, 39(8):1675-1689.
[83] Brbić M, Kopriva I. Multi-view low-rank sparse subspace clustering[J]. Pattern Recognition, 2018, 73:247-258.
[84] Abavisani M, Patel V M. Multimodal sparse and low-rank subspace clustering[J]. Information Fusion, 2018, 39:168-177.
[85] Lin Z, Liu R, Su Z. Linearized alternating direction method with adaptive penalty for low-rank representation[C]//Proceedings of Advances in Neural Information Processing Systems, 2011:612-620.
[86] Soltanolkotabi M, Candes E J, et al. A geometric analysis of subspace clustering with outliers [J]. The Annals of Statistics, 2012, 40(4):2195-2238.
[87] 王君. 稀疏子空间聚类及快速算法的研究 [D]. 哈尔滨:哈尔滨工业大学, 2019: 19-21.
[88] Elhamifar E, Vidal R. Sparse subspace clustering: Algorithm, theory, and applications [J]. IEEE Transactions on Pattern Analysis and Machine Intelligence, 2013, 35(11):2765-2781.
[89] Luo H, Sun X, Li D. On the convergence of augmented lagrangian methods for constrained global optimization[J]. SIAM Journal on Optimization, 2008, 18(4):1209-1230.
[90] Goldstein T, O'Donoghue B, Setzer S, et al. Fast alternating direction optimization methods [J]. SIAM Journal on Imaging Sciences, 2014, 7(3):1588-1623.
[91] Nikolova M, Ng M K. Analysis of half-quadratic minimization methods for signal and image recovery[J]. SIAM Journal on Scientific Computing, 2005, 27(3):937-966.
[92] Ng A Y, Jordan M I, Weiss Y. On spectral clustering: Analysis and an algorithm[C]//Proceedings of Advances in Neural Information Processing Systems. 2002:849-856.
[93] Liu W, Pokharel P P, Príncipe J C. Correntropy: Properties and applications in non-Gaussian signal processing [J]. IEEE Transactions on Signal Processing, 2007, 55(11): 5286-5298.
[94] 夏贵羽. 人体运动捕获数据的分析与重用研究 [D]. 南京:南京理工大学, 2017: 26-28.
[95] Li G, Pong T K. Global convergence of splitting methods for non-convex composite optimization[J]. SIAM Journal on Optimization, 2015, 25(4):2434-2460.
[96] Shen Y, Wen Z, Zhang Y. Augmented lagrangian alternating direction method for matrix separation based on low-rank factorization[J]. Optimization Methods and Software, 2014, 29(2):239-263.
[97] Hong M, Luo Z Q, Razaviyayn M. Convergence analysis of alternating direction method of multipliers for a family of nonconvex problems[J]. SIAM Journal on Optimization, 2016, 26

(1):337-364.

[98] Lee K C, Ho J, Kriegman D J. Acquiring linear subspaces for face recognition under variable lighting[J]. IEEE Transactions on Pattern Analysis and Machine Intelligence, 2005, 27(5): 684-698.

[99] Martinez A M. The AR face database[J]. CVC Technical Report 24, 1998.

[100] Nene S A, Nayar S K, Murase H, et al. Columbia object image library (coil-20)[J]. Technical Report No. CUCS-006-96,1996.

[101] Tron R, Vidal R. A benchmark for the comparison of 3-D motion segmentation algorithms [C]//Proceedings of the IEEE Conference on Computer Vision and Pattern Recognition. 2007:1-8.

[102] Vidal R, Favaro P. Low rank subspace clustering (LRSC)[J]. Pattern Recognition Letters, 2014, 43:47-61.

[103] Zhang X, Xu C, Sun X, et al. Schatten-q regularizer constrained low-rank subspace clustering model[J]. Neurocomputing, 2016, 182:36-47.

[104] Wang Q, Qin Z, Nie F, et al. Spectral embedded adaptive neighbors clustering[J]. IEEE Transactions on Neural Networks and Learning Systems, 2018(99):1-7.

[105] Zhao Y, Yuan Y, Nie F, et al. Spectral clustering based on iterative optimization for large-scale and high-dimensional data[J]. Neurocomputing, 2018, 318:227-235.

[106] Zhang X, Gao H, Li G, et al. Multi-view clustering based on graph-regularized nonnegative matrix factorization for object recognition[J]. Information Sciences, 2018, 432:463-478.

[107] Yu J, Rui Y, Tao D, et al. Click prediction for web image reranking using multimodal sparse coding[J]. IEEE Transactions on Image Processing, 2014, 23(5):2019-2032.

[108] Chao G, Sun S. Consensus and complementarity based maximum entropy discrimination for multi-view classification[J]. Information Sciences, 2016, 367:296-310.

[109] Zhang Z, Zhai Z, Li L. Uniform projection for multi-view learning[J]. IEEE Transactions on Pattern Analysis and Machine Intelligence, 2017, 39(8):1675-1689.

[110] Yu H, Wang X, Wang G, et al. An active three-way clustering method via low-rank matrices for multi-view data[J]. Information Sciences, 2020, 507:823-839.

[111] 夏菁, 丁世飞. 基于低秩稀疏约束的自权重多视角子空间聚类[J]. 南京大学学报(自然科学版), 2020, 56(6):862-869.

[112] Huang S, Kang Z, Tsang I W, et al. Auto-weighted multi-view clustering via kernelized graph learning[J]. Pattern Recognition, 2019, 88:174-184.

[113] Fei-Fei L, Fergus R, Perona P. Learning generative visual models from few training examples: An incremental bayesian approach tested on 101 object categories[J]. Computer Vision and Image Understanding, 2007, 106(1):59-70.

[114] Amini M, Usunier N, Goutte C. Learning from multiple partially observed views-an application to multilingual text categorization[C]//Proceedings of the Advances in Neural Information Processing Systems. 2009:28-36.

[115] Brbić M, Piškorec M, Vidulin V, et al. The landscape of microbial phenotypic traits and associated genes[J]. Nucleic Acids Research, 2016, 44(21):10074-10090.

[116] Nie F, Huang H, Ding C. Low-rank matrix recovery via effcient schatten p-norm minimization[C]//Proceedings of the 26th AAAI Conference on Artificial Intelligence,2012.

[117] Fazel M. Matrix rank minimization with applications[D] . Stanford University, 2002.

[118] Liu L, Huang W, Chen D R. Exact minimum rank approximation via schatten p-norm minimization[J]. Journal of Computational and Applied Mathematics, 2014, 267:218-227.

[119] Gu S, Zhang L, Zuo W, et al. Weighted nuclear norm minimization with application to image denoising[C]//Proceedings of the IEEE Conference on Computer Vision and Pattern Recognition, 2014:2862-2869.

[120] Cui Q, Chen B, Sun H. Nonlocal low-rank regularization for human motion recovery based on similarity analysis[J]. Information Sciences, 2019, 493:57-74.

[121] Zhang C, Fu H, Liu S, et al. Low-rank tensor constrained multiview subspace clustering [C]//Proceedings of the IEEE International Conference on Computer Vision, 2015: 1582-1590.

[122] Sindhwani V, Niyogi P, Belkin M. Beyond the point cloud: From transductive to semi-supervised learning[C]//International Conference on Machine Learning, 2005.

[123] Chen B, Wang X, Lu N, et al. Mixture correntropy for robust learning[J]. Pattern Recognition, 2018, 79:318-327.

[124] Lu C, Feng J, Lin Z, et al. Subspace clustering by block diagonal representation[J]. IEEE Transactions on Pattern Analysis and Machine Intelligence, 2018, 41(2):487-501.

[125] Li H, Ren Z, Mukherjee M, et al. Robust energy preserving embedding for multi-view subspace clustering[J]. Knowledge-Based Systems, 2020, 210:106489.

[126] Kang Z, Wen L, Chen W, et al. Low-rank kernel learning for graph-based clustering [J]. Knowledge-Based Systems, 2019, 163:510-517.

[127] Dattorro J. Convex optimization and Euclidean distance geometry[M]. Lulu. com, 2010.

[128] Dong W, Shi G, Li X, et al. Compressive sensing via nonlocal low-rank regularization [J]. IEEE Transactions on Image Processing, 2014, 23(8):3618-3632.

[129] Feng L, Sun H, Sun Q, et al. Image compressive sensing via truncated schatten-p norm regularization[J]. Signal Processing: Image Communication, 2016, 47:28-41.

[130] Boyd S, Boyd S P, Vandenberghe L. Convex optimization[M]. Cambridge University Press, 2004.

[131] Ren Z, Li H, Yang C, et al. Multiple kernel subspace clustering with local structural graph and low-rank consensus kernel learning[J]. Knowledge-Based Systems, 2020, 188:105040.

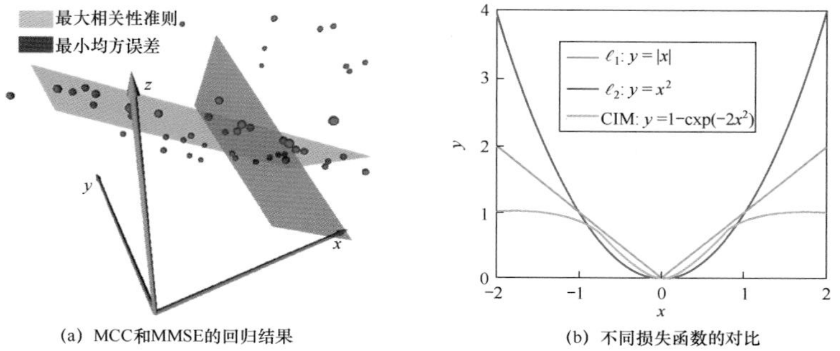

图 2.2　相关熵稳健性验证

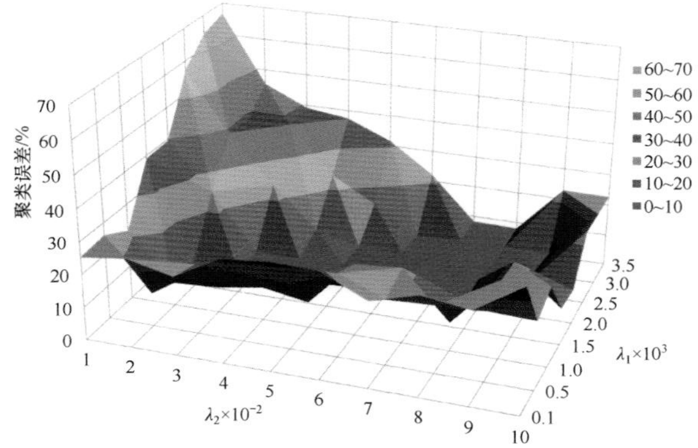

图 2.8　不同的 λ_1 和 λ_2 对聚类性能的影响（$\lambda_1=0.7\times10^5$）

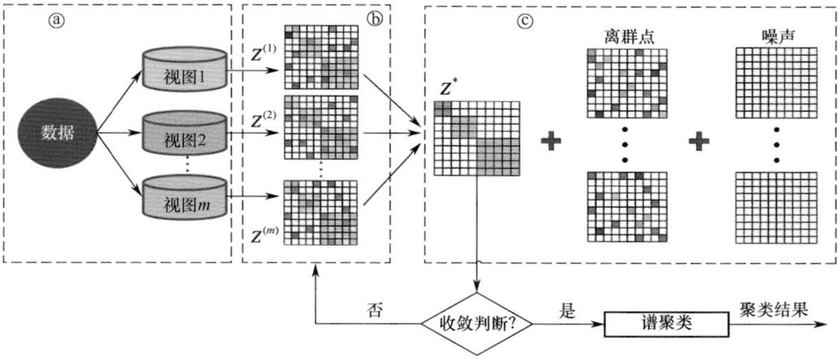

图 3.1　RLKMSC 模型框架

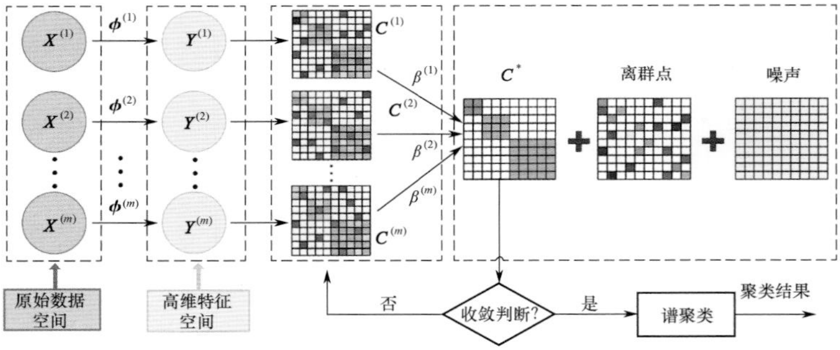

图 4.1　模型 MKLR-RMSC 模型框架

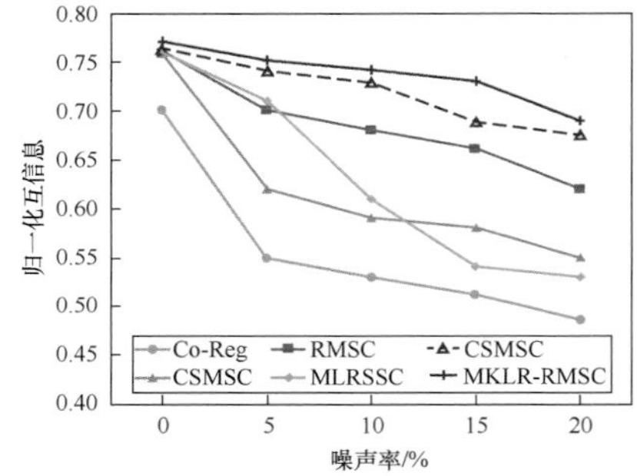

图 4.2　含有缺失数据噪声的 WebKB 数据集的聚类性能

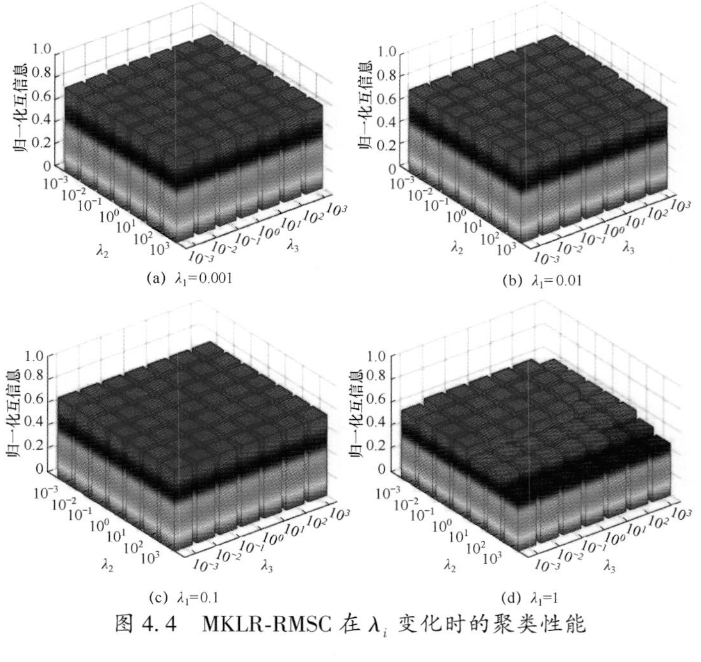

图 4.4　MKLR-RMSC 在 λ_i 变化时的聚类性能

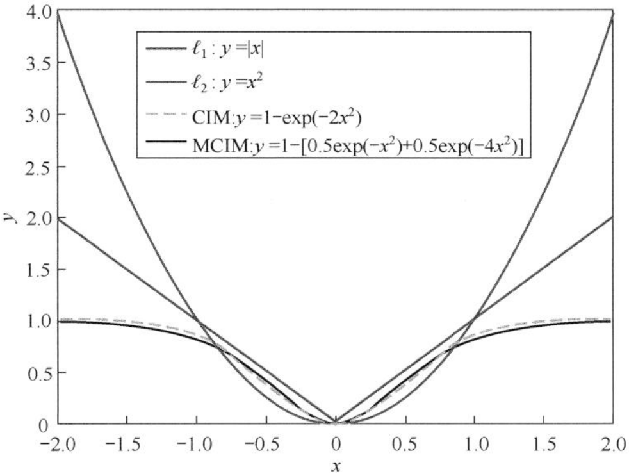

图 5.1 不同损失函数的比较

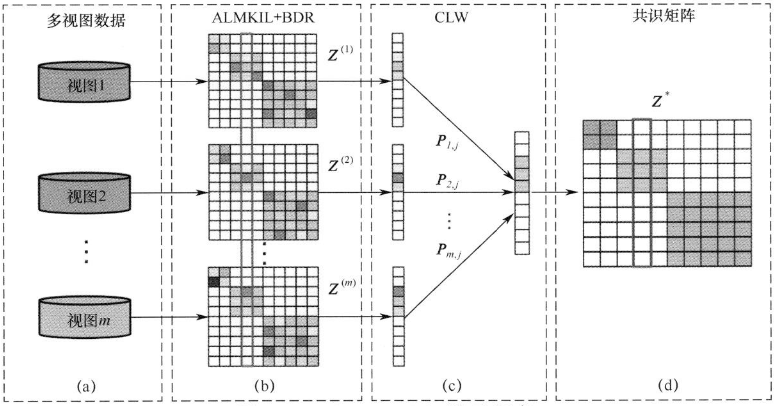

图 5.2 CLWRMSC 模型框架

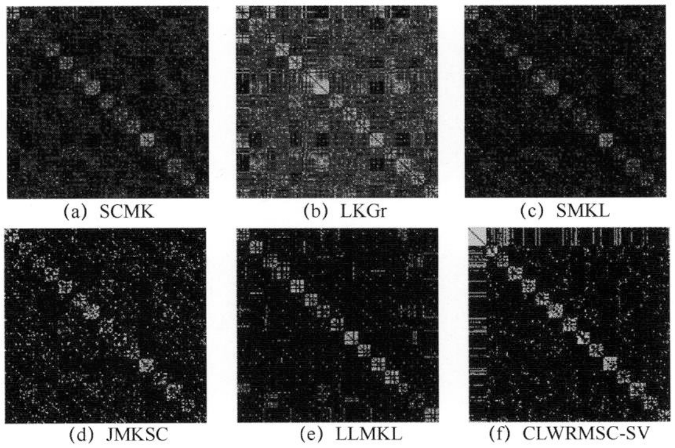

图 5.4 由 Yale 数据集学习到的亲和度矩阵可视化

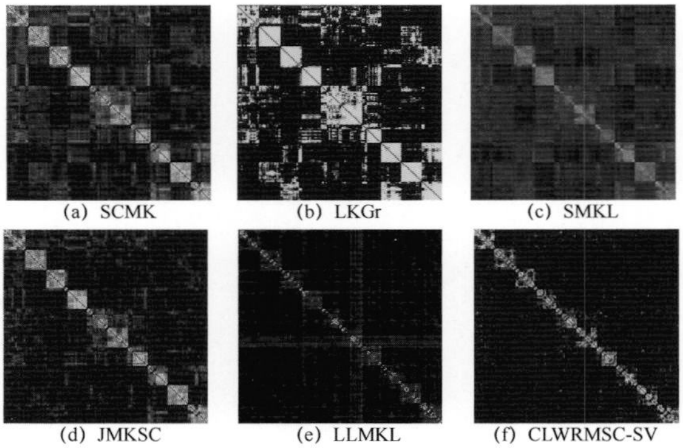

图 5.5　由 Jaffe 数据集学习到的亲和度矩阵可视化

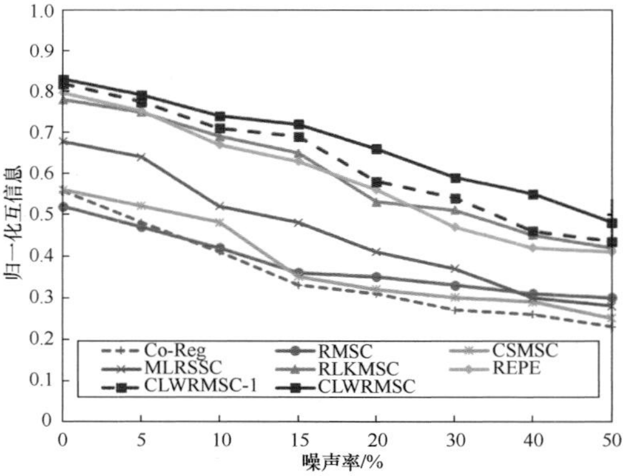

图 5.7　数据缺失噪声对聚类精度的影响